Suman Kumari Joshi
Lakshman Kumar Babu
Santosh Kumar Sahoo

Efeitos da alimentação proteica no desempenho dos patos Khaki Campbell em período de incubação

Suman Kumari Joshi
Lakshman Kumar Babu
Santosh Kumar Sahoo

Efeitos da alimentação proteica no desempenho dos patos Khaki Campbell em período de incubação

ScienciaScripts

Imprint

Any brand names and product names mentioned in this book are subject to trademark, brand or patent protection and are trademarks or registered trademarks of their respective holders. The use of brand names, product names, common names, trade names, product descriptions etc. even without a particular marking in this work is in no way to be construed to mean that such names may be regarded as unrestricted in respect of trademark and brand protection legislation and could thus be used by anyone.

Cover image: www.ingimage.com

This book is a translation from the original published under ISBN 978-3-659-25765-0.

Publisher:
Sciencia Scripts
is a trademark of
Dodo Books Indian Ocean Ltd. and OmniScriptum S.R.L publishing group

120 High Road, East Finchley, London, N2 9ED, United Kingdom
Str. Armeneasca 28/1, office 1, Chisinau MD-2012, Republic of Moldova, Europe
Printed at: see last page
ISBN: 978-620-7-90795-3

ÍNDICE

AGRADECIMENTOS

O facto de este trabalho se ter transformado numa arena de valor é um mérito daqueles que, por instinto, percorreram o caminho com coragem e visão clara. Esta tese é o fim do meu percurso para a obtenção do grau de Mestre em Produção e Gestão Pecuária e foi levada até ao fim com o apoio e o encorajamento de numerosas pessoas, incluindo os meus professores, simpatizantes, amigos e colegas. No final da minha tese, é uma tarefa agradável expressar os meus agradecimentos a todos aqueles que contribuíram de muitas formas para o sucesso deste estudo e que fizeram dele uma experiência inesquecível para mim.

Em primeiro lugar, presto homenagem, com profundo respeito, ao meu orientador, Dr. L.K. Babu, Professor, Departamento de Produção e Gestão Pecuária, um homem que tem soluções para todos, pelo seu apoio ao longo da minha tese, com a sua paciência e conhecimentos. Atribuo o nível do meu mestrado ao seu incentivo e esforço. Simplesmente não se poderia desejar um orientador melhor ou mais simpático, com a sua natureza e conhecimentos sobre o assunto.

Os meus sinceros agradecimentos ao Dr. C.R. Pradhan, Professor e Diretor do Departamento de Produção e Gestão Pecuária, pela sua valiosa sugestão, encorajamento e apoio na realização do trabalho de investigação.

Agradeço sinceramente ao Dr. S.K. Sahoo, Cientista Principal, Centro Regional, Instituto Central de Investigação Aviária, Bhubaneswar, e membro estimado do meu comité consultivo, um cavalheiro meticuloso, pelo seu grande interesse, sugestões necessárias, cooperação sincera, ajuda diligente, inspiração contínua e esforço meticuloso na análise dos dados experimentais durante o curso deste estudo. Olho para trás com apreço e gratidão para este brilhante professor que é como uma bússola e ativa ímanes de curiosidade, conhecimento e sabedoria.

Estou muito grato ao Dr. B. Panigrahi, Professor Associado, Department of Livestock Production & Management e membro do meu comité consultivo pelos seus valiosos conselhos, sugestões e discussões aprofundadas ao longo do meu estudo.

Em termos de literatura, o fim é o princípio. Por isso, neste início, manifesto o meu profundo reconhecimento ao Dr. S. Nayak, ao Dr. L. M. Mohapatra, ao Dr. B. M. Pattnaik e ao Dr. G. P. Mohanty, docentes do Departamento de Produção e Gestão Pecuária, pelas suas sugestões e ajuda.

Profundo sentimento de gratidão ao Dr. K. Behera e ao Dr. S. Kanungo pelo seu grande interesse, pelas sugestões necessárias e pela cooperação sincera durante o trabalho de investigação.

Estou extremamente grato ao Diretor do Central Avian Research Institute, Izatnagar, por ter disponibilizado as instalações necessárias para a realização do ensaio biológico da minha experiência no Centro Regional de Bhubaneswar.

Agradeço ao Reitor da Faculdade de Ciências Veterinárias e da Criação de Animais de Orissa pela sua atitude generosa ao prestar a ajuda necessária durante os meus estudos de pós-graduação.

Estou igualmente grato ao Dr. S. K. Mishra, responsável pelo Central Avian Research Institute, Centro Regional, Bhubaneswar, por ter dado as sugestões necessárias para a realização do meu trabalho de investigação e também pela sua valiosa orientação e ajuda durante o trabalho de investigação.

Estou imensamente grato ao Dr. S.C. Giri, ao Dr. D. Mandal e ao Dr. R.K.S. Bais, do Central Avian Research Institute, Centro Regional, Bhubaneswar, por terem prestado a ajuda necessária para a realização do meu trabalho de investigação.

Estou grato a todos os meus colegas de mestrado Deepak Bhai, Saswat Bhai, Nutan, Chichilichi e Rajashree, do Departamento de Produção e Gestão Pecuária, pela sua cooperação durante o meu trabalho de investigação.

Estou grato aos meus superiores e juniores Badri Bhai, Jessy, Parag, Subhranshu, Vishal e Nihar pelo seu apoio sem reservas durante o curso do meu estudo.

Estou grato a Sri J.N. Rout, Sri N. Bisoi, Sri K. Sethi e Sri N. Gochhayat, funcionários do Departamento de Produção e Gestão Pecuária, pela sua cooperação durante o meu trabalho de investigação.

Gostaria de expressar os meus sinceros agradecimentos a Prabin, Bibhu, Jogi e outros funcionários do Central Avian Research Institute, Centro Regional, Bhubaneswar, pela sua ajuda constante e valiosa durante o meu estudo.

Agradeço profundamente a Madhu Didi, Sangita Didi, Shaswati Didi, Mamuni, Bhakti, Annada e Soumya pela sua ajuda de confiança, gentileza e por proporcionarem um ambiente estimulante e divertido no hostel.

Por último, mas não menos importante, ofereço a minha gratidão a Deus todo-poderoso, que me abençoou com pais que sempre se mantiveram como uma espinha dorsal em todas as situações da minha vida e, graças a eles, consegui chegar a esta fase importante da minha vida.

CAPÍTULO - I

INTRODUÇÃO

O crescimento demográfico e a escassez de alimentos surgiram como um grande problema num país em desenvolvimento como a Índia. A procura de proteínas animais continua a aumentar para satisfazer as necessidades nutricionais da população humana em crescimento. A indústria pecuária tem contribuído com êxito para o crescimento económico global do país, proporcionando oportunidades de sobrevivência a milhões de compatriotas. A proteína da carne de aves de capoeira e dos ovos é um componente indispensável para satisfazer esta necessidade crescente de satisfazer as necessidades nutricionais humanas de proteínas de alta qualidade. De acordo com o Conselho Indiano de Investigação Médica, um ser humano adulto que consome carne necessita de cerca de 34 g de carne por dia de todas as fontes, contra uma disponibilidade atual de 14 g por dia. Do mesmo modo, a disponibilidade atual de ovos por habitante e por ano no país é de apenas 46 ovos, contra os 180 recomendados pelo Comité Consultivo em matéria de Nutrição do Governo da Índia. Para minimizar a grande diferença entre a procura e a oferta, a única resposta que temos em mãos é a introdução de estirpes de patos e galinhas de elevado rendimento.

As patas são a segunda maior fonte de ovos de mesa e existem cerca de 27643 mil patos na Índia. São produzidos cerca de 16044 lakhs de ovos por ano. Os patos constituem cerca de 4,2% da população total de aves de capoeira e contribuem com cerca de 2-3% da produção total de ovos no país (BAHS, 2010-2011). Os ovos de pata têm preferência sobre os ovos de galinha em certos estados e regiões devido à sua importância económica e nutricional. A criação de patos é predominante entre os sectores mais fracos da população rural, o que lhes proporciona um rendimento suplementar e estável numa base diária. Em comparação com as galinhas, os patos necessitam de casas menos elaboradas. São resistentes, mais fáceis de criar e mais resistentes às doenças comuns das aves. Desenvolvem-se bem nas margens pantanosas dos rios, nas zonas húmidas e nas luas estéreis onde outras aves não se desenvolvem. Os patos requerem menos atenção e complementam a sua alimentação através da procura de alimentos, comendo grãos caídos em arrozais colhidos, insectos, caracóis, minhocas, pequenos peixes e outros materiais aquáticos em lagos e lagoas, incorrendo assim em menores custos de alimentação. Os patos necessitam de um período de incubação mais curto e de menos espaço para a sua criação. Para além disso, os patos têm uma vida lucrativa mais longa e põem bem os ovos mesmo no segundo ano. Tendo em conta a importância e o alcance da criação de patos na nossa economia rural, é necessária mais investigação no domínio da nutrição dos patos. Os patos concentram-se principalmente nos Estados do Leste e do Sul do país, sobretudo nas regiões costeiras. Bengala Ocidental tem a maior população de patos, seguida de Assam, Kerala, Tripura e Bihar. Orissa é bem conhecida pelo seu clima quente e húmido e pelas más condições económicas dos agricultores, tendo mais de 60 polegadas de precipitação anual e mais leitos de rios, o que é adequado para a criação de patos. Mas o inconveniente da variedade indígena de patos é que só produzem cerca de 130-140 ovos/ave/ano, o que torna a sua criação menos económica.

A introdução de raças de patos melhoradas, como a Khaki Campbell e a Indian Runner, com uma produção de até 300 ovos/ave/ano, contribuiu em muito para ultrapassar os inconvenientes de produção associados às raças de patos autóctones, mas, ao mesmo tempo, exigiu um estudo e uma investigação exaustivos sobre uma ração alimentar equilibrada para as variedades de patos melhoradas, a fim de satisfazer o seu potencial de produção acrescido. No maneio das aves de capoeira, a alimentação representa, por si só, cerca de 65 a 75 por cento do custo total de produção (Dutta, 1983). A máxima eficiência produtiva e reprodutiva pode ser obtida alimentando as aves com uma ração equilibrada, de acordo com as suas necessidades, que variam com a idade e o nível de produção dos patos. O sucesso da produção de patos depende da eficiência da incubação e da criação dos patinhos. Uma ração equilibrada e económica para os patos é uma questão de correção de deficiências e uma questão de produção económica. O valor nutritivo das proteínas de vários ingredientes da ração depende diretamente da disponibilidade de aminoácidos críticos. Por conseguinte, um nível correto de proteínas de elevado valor biológico numa ração é de importância primordial para um desempenho económico ótimo. Além disso, Jull (1977) opinou que as aves que seguem uma dieta rica em proteínas atingiam o peso máximo consideravelmente mais cedo do que as que seguem uma dieta pobre em proteínas. Baeza *et al.* (2007) referiram que as dietas com diferentes PC durante o período inicial afectam subsequentemente a RCF durante o período de crescimento e de acabamento. A partir da literatura disponível, observa-se que, até à data, foram efectuados trabalhos muito limitados para avaliar as necessidades proteicas dos patos Khaki Campbell em diferentes períodos de crescimento. Por conseguinte, foi feita uma tentativa neste estudo para descobrir o efeito de diferentes níveis de proteínas em rações isocalóricas sobre o crescimento, o consumo de alimentos, a taxa de conversão alimentar, a mortalidade, os parâmetros bioquímicos e a utilização de nutrientes dos patos Khaki Campbell durante a criação (0 a 8 semanas de idade) em condições quentes e húmidas de Orissa.

CAPÍTULO - II

REVISÃO DA LITERATURA

A literatura relativa ao efeito da alimentação com diferentes níveis de proteínas sobre a taxa de crescimento, a eficiência alimentar, a mortalidade, os perfis bioquímicos séricos e a metabolizabilidade dos nutrientes em patos Khaki Campbell foi revista neste capítulo.

a) Efeito de diferentes níveis de suplementação proteica no crescimento e na eficiência da conversão alimentar em patos Khaki Campbell

Schloss (1911) definiu crescimento como o aumento correlacionado da massa do corpo em intervalos definidos de tempo, de uma forma caraterística das espécies.

De acordo com Mendel (1914), a palavra "crescimento" é entendida como indicação da série de mudanças fisiológicas pelas quais um indivíduo de qualquer espécie se desenvolve desde o ovo fertilizado até à maturidade.

Horton (1932) afirmou que, desde a eclosão até às 15 semanas de idade, um puré de pintos com 19% de proteínas produziu maiores ganhos e melhores valores de eficiência alimentar do que as aves alimentadas com um puré de 12% de proteínas em patinhos Pekin brancos.

Hamlyn *et al.* (1934) verificaram que uma linha pura de patinhos brancos Pekin necessitava de aproximadamente 18% de proteínas na dieta para obter um desempenho ótimo das 0 às 10 semanas de idade. A alimentação com uma dieta de 26% de proteínas provocou uma ligeira depressão do crescimento.

Scott e Heuser (1951) referiram que uma dieta com 15% de proteínas produziu um crescimento satisfatório dos patinhos brancos Pekin desde a eclosão até às 8 semanas de idade.

Scott *et al.* (1957) verificaram que uma ração com 16% de proteínas era suficiente para um crescimento máximo até às 7,5 ou 8 semanas de idade.

Scott *et al.* (1959) verificaram que tanto o nível de 16 como o de 18% de proteínas não tinham qualquer efeito no peso corporal. Na sua segunda experiência com níveis de proteínas entre 16 e 28%, observaram que níveis de proteínas entre 16 e 22% produziam um crescimento aproximadamente equivalente.

Rudolph (1962) observou que o crescimento não foi afetado pela redução do nível de proteínas de 20,1 para 17,1 por cento.

Uma ração que contenha 18,7% de proteína bruta (PB) com 2505 kcal EM/kg ou 16,7% de proteína bruta (PB) com 2644 kcal EM/kg proporcionaria o crescimento ótimo do pato branco Pekin (Du Preeze e Wessells, 1970).

Dean *et al.* (1965) fizeram experiências com patinhos Pekin brancos e referiram que os ganhos de peso e a relação peso/alimentação foram maximizados com 22, 20 e 18% de proteínas e 2960, 3013 e 3062 kcal de EM por kg, respetivamente, dos 0 aos 7, 7 aos 14 e 14 aos 21 dias de idade. Numa experiência subsequente, os autores alimentaram os patinhos com 22, 20 e 18% de proteínas durante a primeira, segunda e terceira semanas de idade, respetivamente, continuaram com 18% de proteínas até aos 31 dias e depois alimentaram-nos com níveis graduais de proteínas dos 31 aos 51 dias. Durante este último período, uma dieta com 16% de proteínas e 3112 kcal de EM por kg pareceu adequada.

Dean (1967) efectuou uma série de experiências para determinar os efeitos de concentrações variáveis de proteínas alimentares durante fases específicas do crescimento no aumento de peso dos patinhos brancos Pekin. Durante as primeiras duas semanas de vida, foram necessários 22% de proteínas para obter o máximo ganho de peso e eficiência alimentar. As necessidades diminuíram à medida que as aves envelheciam.

Dean (1968) alimentou patinhos com uma ração semi-purificada, que fornecia 16 ou 24% de proteínas em cada um dos dois níveis de energia (2500 ou 3150 kcal ME/kg) das 0 às 8 semanas de idade. Os patos alimentados com a dieta de maior energia apresentaram maior ingestão calórica e pesos corporais mais pesados, mas tinham níveis semelhantes de gordura na carcaça em cada nível de proteína, em comparação com as aves alimentadas com rações de baixa energia. O nível mais elevado de proteínas na dieta resultou em maiores pesos corporais durante as primeiras quatro semanas da experiência e menor gordura na carcaça durante todo o estudo de 8 semanas.

Johnson (1971) efectuou experiências com grupos de patos-torcazes recém-eclodidos até aos 60 dias de idade e verificou que a taxa de crescimento foi significativamente reduzida ($P \leq 0,05$) nos grupos alimentados com dietas com menos proteínas.

Aukland (1973) verificou que a eficiência alimentar e o consumo de ração dos patinhos de 21 dias de idade melhoravam significativamente ($P \leq 0,05$) com o aumento do nível de proteínas na ração.

Leclercq e De Carville (1976) recomendaram níveis de proteínas na dieta de 17,7% para as fêmeas e de 19,3% para os machos, com uma dieta com 12,33 MJ de EM/kg de ração para patinhos almiscarados com 3 semanas de idade.

Singh e Moudgal (1976) verificaram que, às 7 semanas de idade, se obtinham melhores resultados em termos de crescimento com rações que continham 21 ou 25% de proteínas do que com rações que continham 17% de proteínas. Além disso, verificaram que a eficiência alimentar dos patos Pekin às 7 semanas de idade era em média de 3,88, 4,13 e 4,05 com 17, 21 e 25% de proteínas brutas.

Jeroch *et al.* (1977) opinaram que ao aumentar o nível de proteína bruta na ração, o ganho de peso corporal poderia ser melhorado.

Woodard *et al.* (1977) verificaram que as dietas com maior teor de proteínas favoreciam uma boa plumagem durante o crescimento inicial, mas que esta vantagem se perdia à medida que as aves envelheciam, fazendo experiências com faisões e fornecendo-lhes 16, 20, 24 e 28% de proteínas das 2 às 14 semanas de idade.

Oluyemi e Fetuga (1978) encontraram uma eficiência alimentar máxima até às 8 semanas de idade com 24% de proteína bruta.

Singh e Pal (1978) fizeram experiências com patos Pekin brancos com dietas à base de milho, arroz, farinha de óleo de arrendoim, farinha de peixe e farinha de óleo de soja, desde o primeiro dia até às 34 semanas de idade, com uma percentagem de proteínas de 17,5, 22,3 e 25,5 ou 27,5. O ganho de peso às 6 semanas foi significativamente (P≤0,05) menor com 17,5% de proteína e não diferiu significativamente entre as outras dietas.

Não se registaram diferenças significativas na eficiência da conversão alimentar em nenhum momento.

Adams e Stadelman (1979) mostraram que o peso corporal de patinhos fêmeas em crescimento com 10 a 48 dias de idade não era significativamente diferente do dos patinhos machos quando alimentados com 15 a 18% de proteínas.

Bagot e Karunajeewa (1979) mostraram que os patinhos Pekin eram mais pesados quando alimentados com uma ração de alto teor de matéria seca (24,7% de PC durante 0 a 3 semanas e 18,7% durante 3 a 9 semanas de idade) do que os alimentados com uma ração de baixo teor de matéria seca (22,6% de PC até 3 semanas e 14,1% durante 3 a 9 semanas de idade).

Reddy *et al.* (1980) relataram que o aumento dos níveis de proteína (17, 20 e 23%) na dieta melhorou a eficiência alimentar dos patinhos Khaki Campbell, enquanto o consumo de ração entre os tratamentos permaneceu constante. Verificaram também que a eficiência alimentar (2,96, 2,57, 2,55 nas 0 a 4 semanas e 4,00, 3,58, e 3,52 nas 4 a 8 semanas de idade com 17, 20 e 23% de proteínas) era paralela ao ganho de peso corporal. Isto indica que a taxa de crescimento teve um efeito pronunciado na eficiência alimentar, mais do que o consumo efetivo de ração.

Abdelsamie (1981) referiu que o peso corporal dos patos almiscarados machos alimentados com uma dieta com 21% de proteínas era superior ao das fêmeas às 6 semanas de idade.

Nos patos Desi de Keral, o rácio de conversão alimentar era de 4,12, 4,88, 5,48 e 6,10 às 7, 8, 9 e 10 semanas de idade, respetivamente. (George *et al.* 1981).

Luhman (1981) estudou patos domésticos e encontrou um rácio de conversão alimentar de 2,97 às 7 semanas de idade.

Schubert *et al.* (1981) testaram cinco regimes de alimentação para patos almiscarados machos em que a quantidade de proteínas da dieta variava em diferentes fases de crescimento. Recomendaram um programa de alimentação em duas fases, em que as dietas com 21 e 18% de proteínas eram dadas de 0 a 3 e de 4 a 11 semanas, respetivamente. Indicaram que poderia ser aplicada uma fase de alimentação com uma dieta de 18% de proteínas desde o primeiro dia de vida até às 11 semanas, uma vez que o pato almiscarado, tal como o Pekin branco, apresentou um crescimento compensatório quando alimentado com uma dieta ligeiramente deficiente em proteínas durante a 1st semana de idade.

Siregar *et al.* (1982a) alimentaram patinhos brancos com dietas contendo de 12 a 25% de proteína bruta e de 2760 a 3620 kcal de EM por kg em várias combinações. Com base na taxa de crescimento e nos valores de conversão alimentar, concluíram que uma dieta com cerca de 12,5% de proteínas e 3300 kcal de EM por kg suportava adequadamente o crescimento máximo dos patos entre as 3 e as 8 semanas de idade.

Siregar *et al.* (1982b) fizeram experiências com Pekin branco e concluíram que os níveis de proteína da dieta não afectaram a eficiência energética do ganho e a eficiência da utilização de energia às 8 semanas. Sugeriram que, para a taxa de crescimento e a eficiência da conversão alimentar, os níveis de 19 e 16% de proteínas em dietas contendo 12,7 MJ de EM/kg eram adequados para atender às 0 a 2 semanas e 3 a 8 semanas de idade, respetivamente.

Chin e Hutagalung (1984) fizeram experiências para determinar as necessidades proteicas e energéticas dos patos brancos Pekin nas condições tropicais da Malásia, em três experiências diferentes. Com base no crescimento máximo e na eficiência alimentar, concluíram que as necessidades energéticas da ave se situavam entre 3500 e 3850 Kcal EM por kg, ao passo que 22 a 24% e 20 a 22% de proteínas eram necessárias das 0 às 6 semanas e das 7 às 10 semanas de idade, respetivamente.

Sahoo *et al.* (1985) referiram que a taxa de crescimento mais rápida das fêmeas de pato Khaki Campbell foi observada até às 4 semanas de idade, a mais baixa entre as 13 e as 16 semanas de idade e que o rácio de conversão alimentar aumentou com o aumento da idade.

Jin *et al.* (1986) estudaram o fornecimento de dietas com níveis de proteína de 22,8, 19,3 e 15,8 por cento em pintos até 30 dias de idade e afirmaram que o crescimento foi melhor com um teor de proteína mais elevado.

Prasad *et al.* (1988) estimaram as necessidades proteicas e energéticas de patos fêmeas Khaki Campbell de 1 a 56 dias de idade, numa experiência fatorial 4x3 com dietas contendo 14, 16, 18 e 20% de proteínas e 2200, 2600 e 3000 kcal/kg de energia metabolizável (EM). Com base no ganho de peso, na conversão alimentar e na proteína sérica, foram estimadas as necessidades de proteína da dieta de 16% e de EM de 2600 kcal/kg. A eficiência alimentar melhorou com cada incremento de energia até 3000 kcal/kg de EM. A concentração de proteínas no soro não foi influenciada pelo teor energético da dieta.

Leclercq *et al.* (1989) recomendaram 18,4% de PC para uma dieta inicial contendo 12,12 MJ de EM/kg de ração para patos comuns.

Rukmangadhan *et al.* (1990) opinaram que 24% era o nível ótimo de proteínas nas 0-3 semanas de idade e que 18% de PC da dieta era ótimo nas 4 a 8 semanas de idade para o crescimento de patos comuns fêmeas de Khaki Campbell.

Chen e Jiang (1999) demonstraram que a eficiência da deposição de proteínas diminuiu de 51 para 43% quando o nível de proteínas da dieta aumentou de 14,3 para 21,5% entre as 0 e as 4 semanas de idade e uma diminuição de 58 para 45% na eficiência da deposição de proteínas com o aumento dos níveis de proteínas da dieta de 14,9 para 18,2% entre as 3 e as 9 semanas de idade no pato Shaoxing.

Li-YuTsai *et al.* (1999) estudaram a alimentação de patos-mula em três fases para investigar as necessidades alimentares de proteína bruta (PB). Os níveis de PC nas dietas de arranque foram de 18, 16 e 14% (durante as primeiras 3 semanas), os níveis de PC nas dietas de crescimento (4-7 semanas) foram de 16% e os níveis de PC nas dietas de acabamento (8-10 semanas) foram de 16, 14 e 12%. Os pesos corporais foram medidos às 0, 3, 7 e 10 semanas de idade. Verificaram que a alimentação com uma dieta inicial com 18% de PC resultou num aumento significativo (P<0,05) do ganho de peso vivo (617,08g/ave) e da eficiência alimentar (2,33) durante as primeiras 3 semanas. Durante as 4 a 7 semanas, os patos alimentados com dietas iniciais com 18% de PC (nas primeiras 3 semanas) obtiveram um ganho de peso vivo inferior (1278,77g/ave) e uma eficiência alimentar (4,21). Não foram encontradas diferenças no ganho de peso vivo nas semanas 8-10. Os patos mais pesados foram obtidos com uma dieta de arranque de 14% de PC em três fases, seguida de uma dieta de crescimento de 16% de PC e uma dieta de acabamento de 12% de PC.

Chen *et al.* (2000) fizeram experiências com patos-mula de penas brancas Minnong para conhecer o nível ótimo da relação PC: EM na dieta. Na idade de 0-3 semanas, a EM era de 11,51 MJ/kg e os níveis de PC eram de 21%, 19,5%, 18%, 16,5% e 15%. Na idade de 4-8 semanas, a EM foi de 11,91 MJ/kg e os níveis de PB foram de 18%, 16,5%, 15%, 13,5% e 12%. Os resultados mostraram que, com um elevado ganho de peso, eficiência de conversão alimentar e características da carcaça, o nível ótimo da relação PC: EM na dieta para patos de 0-3 semanas e de 4-8 semanas foi de 15,65g/MJ e 12,5g/MJ, respetivamente.

Olayemi *et al* (2002) estudaram os valores da química plasmática em 14 patos nigerianos (*Anas platyrhynchos*) adultos saudáveis (50-80 semanas de idade) e 10 patos nigerianos jovens saudáveis (8-10 semanas de idade). Os pormenores dos parâmetros bioquímicos são apresentados a seguir Níveis plasmáticos de electrólitos e enzimas (média ± DP) em patos nigerianos jovens e adultos

Parâmetros	Jovens (n=10)	Adulto (n=14)
Na (mmol/L)	145.90±8.45	149.40±4.47
K (mmolL)	5.83±1.99	6.00±1.55
Cl (mmol/l)	105.90±3.81	108.43±1.98
HCO3 (mmol/l)	23.50±3.17	24.07±1.73
Ca (mg/dl)	8.63±0.21	8.56±0.21
Fosfato inorgânico (mg/dl)	4.95±0.62	4.41±0.29
ALP (i.u/l)	74.40± 11.68	81.00±12.48
AST/ SGOT (i.u/l)	37.00±4.29	29.93±5.66*
ALT/SGPT (i.u/l)	30.10±4.65	20.71±6.76**

Valor significativamente diferente do pato jovem em *P<0,01 **P<0,001

Níveis plasmáticos de proteínas e metabolitos (média±SD) em patos nigerianos jovens e adultos.

Parâmetro	Jovens (n=10)	Adultos (n=14)
Proteína total (g/dl)	5.95±0.36	5.91±0.29
Albumina (g/dl)	2.85±0.17	2.81±0.21
Globulina (g/dl)	3.10±0.22	3.09±0.11
Rácio albumina/globulina	0.92±0.05	0.91±0.06
Ureia (mg/dl)	27.10±13.25	29.50±12.92
Creatinina (mg/dl)	1.20±0.47	1.24±0.46

Robin *et al.* (2002) não encontraram efeitos no crescimento de patos-mula entre as 5 e as 10 semanas de idade quando compararam dietas contendo 15 ou 17% de PC e 11,50 MJ de EM/kg de ração.

Jeroch (2003) recomendou que 18% de PC era ótimo para uma dieta inicial contendo 11,0 MJ de EM/kg de ração e o mesmo nível de PC (18%) com 12,5 MJ de EM/kg de ração às 8-10 semanas de idade em patos comuns.

Lai-Ming Kuei *et al.* (2003) estudaram o efeito de uma dieta pobre em proteínas brutas durante as fases iniciais sobre o desempenho do crescimento e as características da carcaça de patos Pekin. Entre as 0 e as 3 semanas de idade, foram dados aos patos níveis de proteína bruta (PB) na dieta de 22, 20 e 18%. As dietas de baixa proteína foram adicionadas com metionina e lisina aos níveis da dieta de 22% de PC. A energia metabolizável (EM) foi de 2900 Kcal/kg para todos os tratamentos. Às 10 semanas de idade, foi determinado o desempenho do crescimento e a percentagem de peso vivo. O menor ganho de peso vivo foi observado nos patos alimentados com CP 22% entre as 3 e 4 semanas de idade (P<0,05). Os pesos vivos foram semelhantes entre todos os grupos às 10 semanas de idade e durante todo o período.

Huang (2005) opinou que o nível nutricional ótimo da dieta na idade de 4-7 semanas era a energia metabólica de 11,8 Mcal/kg e a proteína bruta de 17,0% e que na idade de 8-9 semanas era a energia metabolizável de 12,0 Mcal/kg e a proteína bruta de 14,5% em patos.

Baeza *et al.* (2007a) efectuaram uma experiência para determinar as necessidades proteicas do pato-mula durante o período de arranque (0-3 semanas). Cinco grupos de tratamento receberam uma dieta isocalórica (2900 kcal EM/kg de ração) com níveis de proteína de 15,4, 18,6, 20,5, 21,8 e 25,3 por cento, respetivamente. Após 3 semanas, todos os patos receberam as mesmas dietas de crescimento e de acabamento. Confirmou-se que o nível de 23,2% de proteínas poderia otimizar o desempenho do crescimento, tal como observado pela análise estatística no que diz respeito ao efeito do nível de proteínas na dieta sobre o peso corporal.

Baeza *et al.* (2007b) verificaram que as dietas com 15,4 e 18,6% de PC durante o período inicial afectaram a RCF durante os períodos de crescimento e de acabamento.

Basso *et al.* (2007) estudaram as relações fenotípicas entre os componentes do consumo alimentar de patos comuns e estimaram correlações positivas entre o consumo de ração e o peso corporal.

Chartrin *et al.* (2007) observaram que o desenvolvimento do músculo peitoral foi menos afetado pelo nível de proteínas da dieta durante as 4 a 7 semanas de idade do que durante as 0-3 semanas de idade.

Baeza *et al.* (2008) afirmaram que a distribuição de dietas contendo 10,8, 13,1 e 14,5 por cento de PC durante as 4 a 7 semanas de idade afectou a TCA durante o período de acabamento em patos Mulard.

Baeza *et al.* (2009) realizaram uma experiência, dividindo patinhos Mulard com 21 dias de idade em 5 grupos. Os diferentes grupos foram alimentados com dietas isocalóricas com níveis de proteína de 10,8, 13,1, 14,5, 16,6 e 18,7 por cento. Todos os patos foram alimentados com a mesma ração inicial e final. Foi confirmado que 15% de proteína poderia otimizar o desempenho do crescimento, regredindo o efeito do nível de proteína no peso corporal. Também foi referido que a dieta com 10,8% de PC afectou o peso do músculo do peito às 10 semanas de idade, enquanto o peso corporal às 10 semanas de idade era semelhante em todos os grupos.

Downing e Ischan (2010) fizeram uma experiência com patos comerciais e os dados indicaram que os produtores poderiam reduzir os custos introduzindo uma dieta de baixa proteína para o acabamento.

Fowzder *et al.* (2010) realizaram uma experiência com patinhos almiscarados de 30 dias de idade e dividiram-nos em 3 grupos de tratamento, com duas réplicas cada. Foram fornecidas quatro dietas isocalóricas com diferentes percentagens de proteínas durante o período de crescimento. O tratamento com 20% de proteínas até às 4 semanas e 18% de proteínas das 5 às 12 semanas de idade deu melhores resultados do que os outros tratamentos. Concluiu-se que, sem manter o rácio calorias/proteínas na dieta, não se poderiam esperar resultados significativos aumentando apenas o nível de proteínas.

Baeza *et al.* (2011) experimentaram fornecer níveis de 10,2, 12,0, 14,0, 16,0 e 18% de proteína na dieta a cinco grupos de fêmeas de patos-mula e descobriram que, às 10 semanas de idade, os patos alimentados com a dieta contendo 10,2% de PC tinham menor crescimento de penas e peso corporal em comparação com outros grupos que receberam 12, 14, 16 e 18% de PC na dieta. Os autores também descobriram que a taxa de conversão alimentar poderia ser óptima com 13,8% de PC na dieta às 10 semanas de idade, ajustando os dados com uma regressão linear.

Banerjee (2011) referiu que os drakes de Khaki Campbell podem ser efetivamente engordados e utilizados para fins ce carne.

Mbajiorgu (2011) estudou o efeito do rácio energia/proteína no consumo de ração, no rácio de conversão alimentar e no consumo de energia metabolizável em frangos machos indígenas da raça Venda e afirmou que nenhum rácio energia/proteína da dieta optimizou todas as variáveis de produção em estudo.

Toledo *et al.* (2011) verificaram que o uso da dieta pré-starter com 25% de PB melhorou a taxa de crescimento em comparação com 22% de PB em frangos de corte.

Wang-Qiang *et al.* (2011) relataram que não houve diferença significativa entre os níveis de EM e PB no desempenho das aves, mas a ingestão de ração diária com maior nível de EM e PB foi menor do que outros tratamentos em patos Gaoyou.

Baeza *et al.* (2012) relataram que 23,5, 15,4 e 13,8 por cento de proteína podem ser níveis óptimos nas dietas iniciais (0-3 semanas), de crescimento (4-7 semanas) e de acabamento (8-10 semanas), respetivamente, em patos-mula.

b) Efeito de diferentes níveis de suplementação proteica na mortalidade em patos Khaki Campbell.

Johnson (1971) verificou que a sobrevivência dos patinhos durante os primeiros 60 dias estava diretamente relacionada com o nível de proteínas da dieta dos patos de madeira.

Singh e Moudgal (1976) observaram que a percentagem de mortalidade nos patos Pekin era maior em níveis mais elevados de proteínas brutas, uma vez que encontraram 15, 23 e 28% de mortalidade em 17, 21 e 25% de proteínas brutas, respetivamente.

Singh e Singh (1977) referiram que a taxa de mortalidade resultante da alimentação com rações pobres em proteínas durante o período inicial ou de crescimento era geralmente mais elevada do que a das aves alimentadas normalmente.

Woodard *et al.* (1977) efectuaram experiências com 180 faisões, distribuídos por quatro grupos e alimentados com 16, 20, 24 e 28% de proteínas desde as 2nd até às 14th semanas de idade. Verificou-se que a mortalidade era mais elevada nos grupos alimentados com 16% de proteínas do que nos grupos alimentados com 20% ou mais de proteínas. As aves alimentadas com dietas pobres em proteínas consumiram menos alimentos do que as aves com níveis mais elevados de proteínas; as poupanças foram compensadas pela maior incidência de mortalidade nos grupos com baixo teor de proteínas.

Singh e Pal (1978) efectuaram uma experiência com patos Pekin brancos, fornecendo-lhes dietas à base de milho, arroz, farinha de óleo de amendoim, farinha de peixe e farinha de óleo de soja. Estas forneceram 17,5, 22,3, 25,5 ou 27,5 por cento de proteínas. A mortalidade foi significativamente (P≤0,05) maior com 17,5% de proteínas do que com todas as outras dietas apenas até às 7 semanas de idade.

A taxa de mortalidade na exploração avícola da Universidade Agrícola de Haryana variou entre 9 e 14% até às 6 semanas de idade, quando alimentada com uma ração de acordo com as recomendações da N.R.C.

George *et al.* (1981) observaram uma taxa de mortalidade de 6,1 por cento durante 12 semanas de idade em patos.

Ramakrishna (1982) verificou que a taxa de mortalidade dos patinhos durante a incubação era de apenas 5 a 10 por cento.

Dvoracek e Komarek (1984) verificaram que a mortalidade dos patinhos Pekin branco e Cherry Vally até aos 16 dias de idade era de 2 e 3,2 por cento.

Jin *et al.* (1986) fizeram experiências com pintos, fornecendo-lhes 22,8, 19,3 e 15,8 por cento de proteínas e dietas deficientes em selénio até aos 30 dias de idade e ilustraram que as aves que receberam um nível de proteínas de 19,3 e 15,8 por cento não tiveram mortes devido a diátese exsudativa.

Sharma *et al.* (1986) observaram que a mortalidade dos patos Khaki Campbell até às 14 semanas de idade era de 3,03 por cento.

c)   Efeito de diferentes níveis de suplementação proteica sobre os nutrientes utilização em patos khaki Campbell:

Gul *et al.* (2007) relataram que, ao aumentar o teor de PC da dieta (28, 30 e 32 por cento), a metabolizabilidade aparente por cento de proteína bruta, gordura e matéria seca aumentou significativamente (P≤0,05). A diferença na metabolizabilidade observada no presente estudo pode ser devida ao facto de o coeficiente de metabolizabilidade aparente poder ser afetado pelo tipo de matéria-prima utilizada.

Baeza *et al.* (2011) afirmaram que o teor de azoto nas fezes aumentou linearmente com os níveis de proteína na dieta das fêmeas de pato-mula.

Baeza *et al.* (2012) realizaram uma experiência com patos-mula e observaram que com 23,5, 15,4, 13,8 por cento de nível de PC nas dietas de iniciação (0-3 semanas), de crescimento (4-7 semanas), de acabamento (8-10 semanas), respetivamente, o conteúdo previsto de azoto nas fezes seria de 6,36, 5,43 e 4,63 por cento, respetivamente.

My Tu *et al.* (2012) registaram uma maior metabolização das proteínas numa dieta rica em proteínas do que numa dieta pobre em proteínas. Mas não observaram qualquer diferença significativa na metabolizabilidade da fibra, que variou entre 39-40 por cento.

d) Efeito de diferentes níveis de suplementação proteica no soro

perfil bioquímico em patos caqui Campbell:

Okeudo *et al.* (2002) efectuaram experiências com doze patos adultos, machos e fêmeas (*Cairana moschata*), com 4 meses de idade. Os autores referiram que o valor médio das proteínas séricas das fêmeas era significativamente ($P \leq 0,05$) superior ao dos machos e que o nível médio de cálcio sérico era significativamente diferente nos machos e nas fêmeas.

Polat *et al.* (2003) ilustraram que os parâmetros bioquímicos das avestruzes alimentadas com dietas com níveis de proteína bruta de 20% e 23% não diferiam significativamente.

Swathi e Sudhamayee (2005) estudaram os perfis bioquímicos séricos de patos não descritos (nativos de Andhra Pradesh) e cruzados (Khaki Campbell Vs Nondescript). A proteína total (g/dl), a concentração de albumina (g/dl) e o rácio albumina/globulina durante o período de pré-postura (18-20 semanas) nos patos Desi e nos patos de raça cruzada foram de 3,98 Vs 5,43, 2,04 Vs 2,85, 1,93 Vs 5,27 e 1,05 Vs 1,10. Os mesmos autores observaram que os parâmetros acima referidos durante o período de pico de postura (28 a 30 semanas) nos patos desi e cruzados eram 5,98 Vs 6,85, 2,82 Vs 3,10, 3,10 Vs 3,68 e 0,91 Vs 0,86, respetivamente.

Haihua *et al.* (2011) não encontraram diferenças significativas na proteína total do soro com diferentes níveis de proteína dietética em martas.

Riyazi *et al.* (2011) observaram que o aumento da energia e a redução da proteína não têm efeitos benéficos sobre o desempenho e os parâmetros bioquímicos séricos em frangos de corte.

CAPÍTULO - III

MATERIAIS E MÉTODOS

Localização da experiência

O trabalho de investigação intitulado "Effect of feeding different levels of protein during brooding period on the performance of Khaki Campbell ducks" foi realizado no Departamento de Produção e Gestão Pecuária, Faculdade de Ciências Veterinárias e Zootecnia, Bhubaneswar, durante o ano de 2013. O ensaio biológico foi efectuado no Centro Regional, Central Avian Research Institute (CARI), Bhubaneswar.

Materiais e instalações utilizados na experiência

Um total de 225 patinhos do dia não sexados (Khaki Campbell) foram adquiridos na incubadora do Centro Regional, CARI, Bhubaneswar. Os patinhos foram distribuídos aleatoriamente por três grupos de tratamento, com três réplicas em cada grupo. Havia 9 compartimentos, cada um com uma área de 55,485 pés quadrados (12'4" × 4'6"), com 25 patinhos em cada compartimento. O peso corporal individual dos patinhos foi registado. Foi utilizada casca de arroz como cama. A ração inicial preparada no Centro Regional, CARI, foi dada aos patinhos durante o período experimental.

Programa experimental

A experiência foi efectuada durante um período de 8 semanas para estudar o efeito da alimentação com diferentes níveis de proteínas durante o período de incubação (0-8 semanas) no crescimento, eficiência alimentar, parâmetros bioquímicos, mortalidade e metabolizabilidade dos nutrientes.

Duzentos e vinte e cinco patinhos Khaki Campbell de um dia de idade, de ambos os sexos, foram divididos em três grupos de tratamento com três réplicas em cada grupo. Havia 25 patinhos em cada recinto de réplica. Durante o período de criação (0-8 semanas de idade), os patinhos dos três grupos de tratamento receberam uma dieta isocalórica com 18, 20 e 22% de proteínas brutas (Quadro 1), com fornecimento *ad lib* de ração e água.

Quadro 1. Conceção da experiência durante o período de criação (0-8 semanas)

Número do tratamento	Proteína em percentagem da ração	N.º de patinhos
1	18	25

| 2 | 20 | 25 |
| 3 | 22 | 25 |

As aves receberam puré húmido desde o primeiro dia de vida até às 8 semanas de idade (quadro 2). A alimentação e a água potável foram fornecidas *ad lib* e foram adoptadas as medidas de saúde necessárias. O peso corporal semanal, o consumo diário de ração e a mortalidade diária foram registados.

Gestão geral

Antes do início da experiência, a casa foi limpa, desinfectada e seca cuidadosamente. Utilizou-se uma lâmpada de incandescência para matar os restos de organismos nos cantos da casa. As paredes foram lavadas de branco com cal. O malatião foi pulverizado a uma concentração de 0,5% dentro e à volta dos locais experimentais. A casca de arroz fresca foi utilizada como material de cama. Cada recinto foi equipado com uma criadeira de chão limpa e desinfectada, sendo a temperatura fornecida por lâmpadas eléctricas incandescentes. Foram instalados comedouros e bebedouros limpos e desinfectados nos recintos, de acordo com as necessidades das aves. A água foi fornecida duas vezes por dia em bebedouros limpos até às 4 semanas de idade, sendo depois substituída por um bebedouro de tipo canal construído no interior do compartimento.

Os patinhos colhidos ao acaso foram marcados com faixas nas asas e distribuídos em cada recinto depois de registado o peso corporal individual ao dia. Para facilitar a ingestão *ad lib*, foi fornecida diariamente ração e água frescas de manhã e à tarde. Os restos de ração foram recolhidos, pesados e secos para conhecer o consumo diário de ração. Os materiais de cama velhos foram substituídos por cama nova em cada recinto, em intervalos semanais. Foram adoptadas práticas de gestão de rotina para todos os grupos de tratamento, de acordo com as práticas normais da exploração.

Tabela 2. Composição da ração inicial para patos (0-8 semanas)

SI. Não.	Ingredientes	Peças por quintal		
		T_1 (18%)	T_2 (20%)	T3 (22%)
1.	Trigo	60	60	60
2.	Soja	18	22	26
3.	Sêmea de arroz não oleada (DORB)	16	10	4

4.	Farinha de peixe	3	5	7
5.	Mistura mineral (ISI)	2	2	2
6.	Concha de ostra	0.5	0.5	0.5
7.	Fosfato dicálcico	0.5	0.5	0.5
8.	Total	100	100	100
9.	DL-Metionina	0.08	0.04	
10.	Lisina	0.36	0.18	
11.	Vit A, D, E, K	0.015	0.015	0.015
12.	Complexo B	0.015	0.015	0.015
13.	Aglutinante de toxinas	0.1	0.1	0.1
14.	Cloreto de colina	0.1	0.1	0.1
15.	Minerais vestigiais	0.1	0.1	0.1
16.	Biovet YC	0.05	0.05	0.05
17.	Sal	0.18	0.18	0.18
	PC (estimado)%	18.38	20.3	22.22

Valores calculados

	EM (calculada) kcal/kg	2610	2638	2666
	Lisina (calculada)	1.312	1.312	1.312
	Metionina (calculada)	0.4042	0.403	0.4018
	Custo da ração /kg (Rs)	26.05	27.15	28.25
	Custo da alimentação /kg com base na MS (Rs)	28.15	29.34	30.52

Métodos de análise

i. Registo do peso corporal e cálculo do aumento de peso corporal

O peso corporal individual dos patinhos foi registado em intervalos semanais com uma balança eléctrica. O ganho semanal de peso corporal numa dada idade foi determinado deduzindo o peso corporal da semana anterior do da semana atual.

ii.   Registo do consumo de ração e estimativa do rácio de conversão alimentar

O consumo diário de ração foi calculado subtraindo a ração que sobrou da ração total oferecida durante esse dia e, finalmente, o consumo semanal de ração foi calculado para essa semana específica. Como foi dado puré húmido aos patinhos, a matéria seca (MS) da ração antes de ser oferecida e a matéria seca da ração que sobrou foram estimadas para calcular o consumo diário. O rácio de conversão alimentar foi obtido dividindo a matéria seca da ração consumida pelo ganho de peso corporal semanal.

iii.   Mortalidade

A mortalidade diária dos patinhos foi tida em conta e a percentagem de mortalidade de cada recinto foi determinada para todos os tratamentos no final da experiência.

iv.   Ensaio sobre o metabolismo

Foi efectuado um percurso metabólico de 5 dias de duração com três aves representativas de cada tratamento alimentar, uma vez no final da alimentação experimental na fase de arranque (8th semana).

Recolha, amostragem e conservação de alimentos para animais e fezes

Foram recolhidas diariamente amostras representativas da ração oferecida e dos resíduos deixados para determinar a ingestão diária de matéria seca (MS) e uma amostra combinada foi mantida para análise da composição proximal.

As fezes de cada ave foram recolhidas manualmente após cada período de 24 horas e pesadas diariamente às 9 horas da manhã. Todas as fezes foram misturadas num recipiente de plástico e foram colhidas amostras representativas para análise das fezes de cada ave separadamente. Para a estimativa da matéria seca, 1/20th da amostra fecal foi recolhida num tabuleiro e seca na estufa de ar quente a 100+10C durante a noite. No dia seguinte, o peso do tabuleiro, juntamente com a amostra fecal seca, foi medido e a percentagem diária de matéria seca das fezes foi determinada. Para estimar o nitrogénio (N_2) e a proteína bruta (CP), 1/100th das fezes foi recolhido diariamente num frasco pré-pesado com tampa. Para evitar a perda de azoto da amostra fecal, adicionou-se ácido sulfúrico diluído (1:4) e misturou-se bem. Após 5 dias de recolha, todas as amostras combinadas foram bem misturadas e uma amostra representativa (1/100) foi recolhida num frasco de kjeldahl para digestão.

Análise do teor de compostos orgânicos: A análise proximal dos alimentos, dos resíduos e das amostras fecais foi efectuada de acordo com os métodos descritos pela AOAC (1990).

Matéria seca (MS): Amostras representativas da ração e do resíduo foram moídas e pesadas num copo de humidade e mantidas durante a noite em ar quente a 100+1^0 C. A perda de peso foi calculada como humidade e o saldo como matéria seca nas amostras.

Azoto (N2) e proteína bruta (PC): O teor de azoto da amostra foi determinado pelo método de digestão de Kjeldahl. As amostras representativas de alimentos para animais, fezes e resíduos foram digeridas num balão de Kjeldahl com ácido sulfúrico concentrado e uma mistura de digestão (sulfato de cobre e sulfato de sódio anidro na proporção de 1:10). O material digerido foi avaliado quantitativamente em termos de azoto. O valor de proteína bruta foi determinado multiplicando o teor de azoto por um fator de 6,25 e estimado em percentagem com base na MS.

Extrato etéreo (EE): Colocou-se uma quantidade conhecida de amostra moída num dedal Whatman e extraiu-se durante 8 horas com éter de petróleo (ponto de ebulição 40-60^0 C) num aparelho de extração de gorduras de laboratório-con-co. O óleo extraído, com um copo previamente pesado, foi seco a 100+10C até atingir um peso constante. O extrato etéreo foi calculado por diferença de peso do copo com e sem óleo e expresso em base de matéria seca.

Fibra bruta (FC): A amostra extraída com éter foi transferida para um copo de 1000 ml sem bico e foram-lhe adicionados 200 ml de ácido sulfúrico a 1,25%. Em seguida, ferveu-se e refluxou-se durante 30 minutos, filtrando-se depois com um pano de musselina e lavando-se repetidamente com água quente. Em seguida, toda a amostra foi transferida para o mesmo copo e foram-lhe adicionados 200 ml de solução de hidróxido de sódio a 1,25%. Em seguida, ferveu-se e refluxou-se durante 30 minutos. De novo, a amostra foi filtrada como acima descrito. O resíduo deixado no pano de musselina foi transferido quantitativamente para ser carbonizado num cadinho de sílica. Após secagem, a amostra foi pesada e depois incinerada na mufla a 550^0 C durante 2 horas. A perda de peso aquando da ignição dá o peso da fibra bruta.

Cinzas totais: Colocou-se uma amostra moída de quantidade conhecida num cadinho de sílica previamente pesado e carbonizou-se para a tornar isenta de fumo. O cadinho, juntamente com a amostra carbonizada, foi mantido dentro da mufla e incendiado a 600^0 C durante três horas. A perda de peso deu o peso da cinza total e foi expressa em percentagem com base na matéria seca.

Matéria orgânica (MO): A matéria orgânica foi calculada subtraindo o teor total de cinzas da matéria seca da amostra e expressa em percentagem com base na matéria seca.

v.   Parâmetros bioquímicos

Colheita de sangue e separação do soro

Para estudar a glucose sérica, as proteínas totais, as albuminas, a ureia, a creatinina, o colesterol e o cálcio, foram colhidas amostras de sangue dos diferentes tratamentos com dois patos de cada réplica, um macho e uma fêmea, após 8 semanas de idade. A veia da asa, presente na superfície ventral da articulação úmero - ulnar radial, foi puncionada com uma agulha de gaze 23 e as amostras de sangue foram recolhidas em tubos de centrifugação esterilizados e secos, mantidos inclinados. Os tubos foram mantidos numa incubadora a 37^0 C durante 30 minutos e depois centrifugados a 3000 rpm durante 15 minutos para separar o soro e as amostras de soro separadas foram conservadas a -10^0 C para análise posterior.

Estimativa dos parâmetros bioquímicos

a)   *Estimativa da glucose*

A glucose sérica foi determinada fotometricamente pelo método GOD POD. Aqui, a glucose foi oxidada pela glucose oxidase em ácido glucónico e foi libertado peróxido de hidrogénio. O indicador colorimétrico, a quinoreimina, foi gerado a partir da 4-aminoantipirina e do fenol pelo peróxido de hidrogénio sob a ação catalítica da peroxidase. A intensidade da cor gerada foi diretamente proporcional à concentração de glucose no soro e foi expressa em mg/dl.

b)   *Estimativa das proteínas totais*

As proteínas, que possuem entidades funcionais e estruturais essenciais no organismo, foram quantificadas pelo método de Biureto, tal como descrito no kit de reagentes da CREST BIOSYSTEMS. As proteínas do soro, num meio alcalino, ligaram-se aos iões cúpricos presentes no reagente de biureto e formaram um complexo de cor azul-violeta. A intensidade da cor formada foi diretamente proporcional à quantidade de proteína presente na amostra e foi expressa em g/dl.

c)   *Estimativa do colesterol*

O colesterol, o principal lípido presente no sangue, foi estimado utilizando o método CHOD/ PAP, tal como mencionado no kit de reagentes da CREST BIOSYSTEMS. A colesterol esterase hidrolisou os colesteró s esterificados, transformando-os em colesterol livre, que foi oxidado para formar peróxido de hidrogénio, o qual reagiu posteriormente com fenol e 4-aminoantipirina por ação catalítica da peroxidase, formando um complexo corante de quinoreimina de cor vermelha. A intensidade da cor formada foi diretamente proporcional à quantidade de colesterol presente na amostra e foi expressa em mg/dl.

d) Estimativa da ureia sérica

A ureia, produto final do metabolismo das proteínas, foi determinada pelo método de Berthelot modificado, descrito no kit de reagentes da CREST BIOSYSTEMS. A urease hidrolisou a ureia em NH_3 e CO_2. O NH_3 reagiu com um cromogénio fenólico e hipoclorito, formando um complexo de cor verde. A intensidade da cor formada foi diretamente proporcional à quantidade de ureia na amostra de soro e foi expressa em mg/dl.

e) Estimativa da albumina sérica

A albumina, que consiste em aproximadamente 60% das proteínas totais do corpo, foi estimada pelo método BCG, seguindo o método descrito no kit de reagentes fornecido pela CREST BIOSYSTEMS. A albumina ligou-se ao corante verde de bromocresol num meio tamponado para formar um complexo de cor verde e a intensidade da cor formada foi diretamente proporcional à quantidade de albumina presente na amostra. O valor foi expresso em g/dl.

f) Estimativa do cálcio sérico

O teor de cálcio do soro foi determinado segundo o método OCPC descrito no kit de reagentes da CREST BIOSYSTEMS, que constitui uma indicação indireta do teor de albumina. O cálcio em meio alcalino combinou-se com o complexo 0- Cresolftaleína para formar um complexo de cor púrpura e a intensidade da cor formada foi diretamente proporcional à quantidade de cálcio na amostra e foi expressa em mg/dl.

g) Estimativa da creatinina

A produção de creatinina, o produto catabólico do fosfato de creatinina, depende da massa muscular. A creatinina sérica foi determinada de acordo com o método descrito no kit de reagentes da CREST BIOSYSTEMS. O ácido pícrico num meio alcalino reagiu com a creatinina e formou um complexo de cor laranja com picrato alcalino. A intensidade da cor foi diretamente proporcional à quantidade de creatinina presente na amostra. Foi expressa em mg/dl.

h) Estimativa da atividade da SGPT (ALAT) -

O soro isento de hemólise foi utilizado para a determinação da atividade da SGPT (ALAT) utilizando o método IFCC modificado, tal como descrito no kit de reagentes da CREST BIOSYSTEMS. A SGPT catalisa a transferência do grupo amino entre a L-alanina e o α-

cetoglutarato, formando piruvato e glutamato. O piruvato formado reage com o NADH na presença da Lactato Desidrogenase para formar NAD. A taxa de oxidação do NADH em NAD foi medida como uma diminuição da absorvância, que foi proporcional à atividade da SGPT (ALAT) na amostra. O cálculo da atividade de SGPT (ALAT) a 37^0 C foi efectuado multiplicando a alteração média da absorvância por minuto (ΔA/min) por 1746 e foi expresso em U/L.

i)   *Estimativa da atividade de SGOT (ASAT)*

Seguiu-se o método IFCC modificado para a determinação da atividade de SGOT (ASAT) em soro livre de hemólise utilizando o kit regent da CREST BIOSYSTEMS. O SGOT (ASAT) catalisa a transferência do grupo amino entre o L-Aspartato e o α-Cetoglutarato para formar Oxaloacetato e Glutamato. O oxaloacetato formado reagiu com NADH na presença de malato desidrogenase e formou NAD. A taxa de oxidação do NADH em NAD foi medida como uma diminuição da absorvância, que foi proporcional à atividade do SGOT (ASAT) na amostra. A atividade sérica de SGOT (ASAT) foi calculada multiplicando a alteração média da absorvância por minuto (ΔA/min) por 1746 e foi expressa em U/L.

vi) Análise estatística

Os dados foram submetidos a uma análise estatística padrão de acordo com Snedecor e Cochran (1989).

CAPÍTULO - IV

RESULTADOS E DISCUSSÃO

Peso corporal

O peso corporal médio ao dia e o peso corporal médio semanal, o ganho de peso corporal médio semanal e o ganho de peso corporal semanal acumulado dos patos são apresentados nos quadros 3,4 e 5, respetivamente.

Tabela 3. Peso corporal médio semanal (g) dos patos submetidos a diferentes tratamentos durante a incubação (0-8 semanas)

Idade (semanas)	T1 (18%)	T2 (20%)	T3 (22%)	Observação
Dia antigo	37.86±1.29	38.17±0.42	38.36±1.34	NS
1st	77,96[a] ±1,52	87,50[b] ±1,07	93,81[b] ±0,65	**
2.o	205,05[a] ±7,25	229,52[ab] ±2,67	257,09[b] ±1,49	**
3rd	410,00[a] ±5,51	443,77[b] ±6,95	476,72[b] ±6,03	**
4.o	560,96[a] ±7,61	638,58[ab] ±10,07	685,34[b] ±16,47	**
5th	851.48±20.42	901.41±5.52	920.01±18.91	NS
6th	1065.55±11.56	1113.28±7.40	1104.67±30.66	NS
7th	1148.93±27.77	1164.22±21.84	1184.82±14.70	NS
8th	1243.45±23.01	1248.95±9.54	1292.97±0.71	NS

As médias com diferentes sobrescritos na mesma linha diferem significativamente.

** $P \leq 0,01$, * $P \leq 0,05$

NS-Não significativo

O peso corporal dos patinhos com um dia de idade, nos diferentes tratamentos, variou entre 37,86+1,29 e 38,36+1,34 g. A análise estatística revelou que não houve diferença significativa no peso corporal dos patinhos com um dia de idade, nos diferentes tratamentos, o que indica uniformidade dos patinhos e que o aumento da taxa de crescimento nos períodos subsequentes, nos diferentes tratamentos, pode não ser devido à diferença no peso corporal inicial. O peso vivo dos patinhos nos diferentes tratamentos aumentou de forma constante até às 8 semanas de idade com o avançar da idade, atingindo o peso corporal mais baixo de 1243,45+23,01 g em T1 (dieta com 18% de proteínas) e o peso corporal mais alto de 1292,97-0,71 g em T3 (dieta com 22% de proteínas).

Tabela 4. Ganho médio semanal de peso corporal (g) dos patos submetidos a diferentes tratamentos durante a incubação (0-8 semanas)

Idade (semanas)	T1 (18%)	T2 (20%)	T3 (22%)	Observação
1st	40,00^a ±2,56	49,33^{ab} ±1,19	55,45^b ±1,29	**
2.o	127,19^a ±8,15	141,01^b ±2,72	163,28^c ±2,01	**
3rd	205.18±4.42	214.25±5.35	219.62±5.03	NS
4.o	150,73^a ±4,48	194,81^b ±10,33	208,62^b ±12,51	*
5th	290.51±14.51	262.83±10.84	234.67±14.72	NS
6th	214.07±9.67	211.88±11.60	184.69±25.26	NS
7th	83.38±15.31	50.93±14.57	80.14±24.47	NS
8th	94.52±1.49	84.72±14.30	108.16±14.18	NS

As médias com diferentes sobrescritos na mesma linha diferem significativamente.

** $P \leq 0,01$, * $P \leq 0,05$.

Registou-se uma diferença significativa ($P \leq 0,01$) no peso corporal dos patinhos entre os diferentes tratamentos, desde a 1st semana até à 4th semana de idade. A média semanal de ganho de peso corporal foi significativamente ($P \leq 0,05$) maior em T3 (dieta com 22% de proteína) do que em T1 (dieta com 18% de proteína) durante 1st, 2nd e 4th semanas de idade. No entanto, a média semanal de ganho de peso corporal não foi significativa em T3 e T2 durante 1st e 4th semanas de idade. A superioridade da taxa de crescimento dos patinhos em T3 em relação a T1 ou T2 (Fig. 1) pode dever-se a um maior consumo de proteínas da ração, o que pode ter contribuído para uma maior taxa de crescimento. Esta constatação está de acordo com Dean (1968), que referiu que o nível mais elevado de proteínas na dieta resultou em maiores pesos corporais durante as primeiras quatro semanas da experiência e em menor gordura na carcaça ao longo de todo o estudo de 8 semanas. Sahoo *et al.* (1985) também encontraram a taxa de crescimento mais rápida das fêmeas de patos Khaki Campbell até às 4 semanas de idade. O ganho médio semanal de peso corporal dos patos submetidos a diferentes tratamentos não foi significativo entre as 5th e as 8th semanas de idade. O ganho cumulativo de peso corporal (Quadro 5 e Fig. 2) mostrou uma tendência crescente, atingindo o valor mais elevado de 1254,62+2,01 g em T3 contra 1205,52+22,02 g em Tı, até às 8 semanas de idade.

Tabela 5. Ganho acumulado de peso corporal (g) dos patos submetidos a diferentes tratamentos durante a incubação (0-8 semanas)

Idade (semanas)	T1 (18%)	T 2(20%)	T3 (22%)	Observação
0-1	40,00^a ±2,56	49,33^{ab} ±1,19	55,45^b ±1,29	**
0-2	167,19^a ±7,47	191,34^{ab} ±2,58	218,73^b ±2,75	**
0-3	372,37^a ±4,70	405,60^b ±6,59	438,36^c ±6,61	*
0-4	523,11^a ±6,43	600,41^b ±10,18	646,78^b ±16,19	*
0-5	813,62^a ±19,68	863,24^b ±5,12	881,65^b ±19,58	*
0-6	1027.69±11.15	1075.11±7.76	1066.32±30.07	NS
0-7	1111.29±22.89	1126.05±22.23	1146.45±15.30	NS
0-8	1205.59±22.02	1210.76±9.96	1254.62±2.01	NS
4-8 (4 semanas)	684.48±16.08	610.36±12.91	574.30±49.69	NS

As médias com diferentes sobrescritos na mesma linha diferem significativamente.

** P≤0,01, *P≤0,05.

Registou-se uma diferença significativa (P ≤ 0,01) no ganho de peso corporal acumulado dos patos durante as 0-5 semanas de idade entre T3 e Tı, mas as diferenças entre T3 e T2 não foram significativas. Verificou-se uma tendência típica de ganho de peso corporal significativamente mais elevado dos patos em T3 (nível de proteína de 22%) em comparação com Tı (nível de proteína de 18%) até às 5 semanas de idade. A presente descoberta está de acordo com Chartrin *et al.* (2007), que relataram que o desenvolvimento do músculo peitoral foi menos afetado pelo nível de proteína da dieta durante 4

A diferença entre o ganho de peso acumulado dos patos com os diferentes tratamentos não foi significativa entre as 6 e as 7 semanas de idade do que entre as 0 e as 3 semanas de idade. As diferenças no ganho de peso corporal acumulado dos patos sob diferentes tratamentos foram consideradas não significativas entre as 6 e as 8 semanas de idade. O ganho de peso corporal acumulado dos patos durante as semanas 0-6, 0-7 e 0-8 de idade foi mais elevado em T3 do que em Tı, embora as diferenças não fossem estatisticamente significativas. O mesmo valor em T3 e T_1 foi de 1066,32 Vs 1027,69 g, 1146,45 Vs 1111,29 g e 1254,62 Vs 1205,59 g durante 0-6, 0-7 e 0-8 semanas, respetivamente. O ganho de peso corporal acumulado foi significativamente maior em T_3 (646,78 + 16,19 g) do que T_1 (523,11 + 6,43 g) durante 0-4 semanas de idade, mas as diferenças entre T_3 e T_2 foram consideradas não significativas (643,78 + 16,19 g Vs 600,41 + 10,18 g). O ganho cumulativo de peso corporal não foi significativo entre os diferentes tratamentos durante as 4-8 semanas de idade, variando entre 574,30 g e 684,48 g, o que indica que os níveis de proteína entre 18 e 22% podem ter um efeito semelhante no que respeita ao ganho de peso corporal dos patos após as 4 semanas de idade. Jull (1977) opinou que as aves que seguem uma dieta rica em proteínas atingiram o peso máximo consideravelmente mais cedo do que as que seguem uma dieta pobre em proteínas. Assim, pode sugerir-se que as necessidades proteicas durante a fase inicial da vida devem ser mantidas a um nível mais elevado. Jeroch *et al.* (1977) também opinaram que, ao aumentar os níveis de proteína bruta na ração, o ganho de peso corporal poderia ser melhorado. A presente conclusão está também de acordo com outros trabalhadores (Hurton, 1932; Scott *et al.*, 1957; e Singh e Moudgal, 1976), mas não está de acordo com Scott *et al.* (1959), que referiram que os níveis de proteínas entre 16 e 22% produziam um crescimento aproximadamente equivalente.

Consumo de ração e rácio de conversão alimentar (FCR)

O consumo de ração por ave e o rácio de conversão alimentar são dois aspectos importantes a ter em conta na produção económica de aves de capoeira. A melhoria do desempenho produtivo de um bando depende da eficiência com que as proteínas da ração são utilizadas, uma vez que as proteínas são um constituinte importante da ração para o crescimento e a reparação dos tecidos do corpo, bem como para a produção de ovos e de carne.

Os dados relativos ao consumo semanal de ração, ao consumo médio diário de ração e ao consumo cumulativo de ração por pato nos diferentes tratamentos, com base na matéria seca, são apresentados nos Quadros 6, 7 e 8, respetivamente. Os dados sobre o consumo semanal de ração durante a incubação (0-8 semanas) revelaram que houve uma tendência de aumento do consumo de ração até às 8 semanas de idade com o avançar da idade. Não houve diferença significativa entre os diferentes tratamentos no que diz respeito ao consumo semanal de ração em quase todas as semanas, exceto na 3.a[rd] semana e na 8.a[th] semana. O consumo semanal de ração por pato foi significativamente ($P \leq 0,05$) mais elevado em T_1 e T_2 do que em T3 durante 3rd semanas de idade (533,80 e 544,69 g Vs

501,25 g). Durante 8th semanas de idade, o consumo semanal de ração foi significativamente (P≤0,05) mais baixo em T2 (753,38 g) e T3 (708,50 g) do que em T1 (798,01 g).

Tabela 6. Consumo semanal de ração (g) por pato em diferentes tratamentos durante a incubação (com base na matéria seca)

Idade (semanas)	T1 (18%)	T2 (20%)	T3 (22%)	Observação
1st	112.91±1.15	120.53±1.63	118.18±6.65	**NS**
2.o	325.82±6.68	342.46±8.61	332.02±4.24	NS
3[a]	533,80[b] ±7,82	544,69[b] ±7,27	501,25[a] ±4,99	*
4.o	723.75±17.31	738.90±17.30	699.49±2.38	NS
5th	796.32±23.50	796.73±7.08	758.74±6.47	NS
6th	799.10±17.56	799.49±7.90	743.33±20.00	NS
7th	702.90±17.46	657.43±14.47	661.11±6.65	NS
8th	798,01[b] ±21,98	753,38[ab] ±9,96	708,50[a] ±13,85	*

As médias com diferentes sobrescritos na mesma linha diferem significativamente. *P≤0.05.

O consumo semanal de ração por pato, que variava de 112,91 a 120,53 g por semana durante a 1st semana, aumentou para 708,50 a 798,01 g por semana durante o período de 8th semanas. As aves do T1 (dieta com 18% de proteína) podem ter consumido uma maior quantidade de ração para além da 4th semana de idade, o que pode ter produzido uma taxa de crescimento compensatória durante o período de 0-8 semanas, em que o peso corporal acumulado dos patos não foi significativamente diferente entre os diferentes tratamentos.

O consumo médio diário de ração por pato variou de 16,13 a 17,21 g/dia durante a 1st semana, aumentando linearmente até atingir o valor de 101,21 a 114,00 g/pato/dia na 8th semana de idade. Não houve diferença significativa no consumo médio diário de ração/pato nos diferentes tratamentos, exceto às 3rd e 8th semanas, em que o consumo de ração dos patos de T1 e T2 foi significativamente superior ao de T3.

O consumo cumulativo de ração (Fig. 3) por pato variou de 1650,94+9,94 (T3) a 1746,59+33,93 g (T2) durante o período de 0-4 semanas e de 2871,68+42,10 (T3) a 3096,34+80,43 g (TI) durante 4-8 semanas de idade. O consumo total acumulado de ração por pato nos diferentes tratamentos foi considerado não significativamente diferente durante os diferentes períodos de crescimento, com um valor que varia de 4522,82 a 4792,75 g por pato durante 0-8 semanas de idade.

Tabela 7. Consumo médio diário de ração (g) por pato nos diferentes tratamentos durante a incubação (com base na matéria seca)

Idade (semanas)	T1 (18%)	T2 (20%)	T3 (22%)	Observação
1st	16.13±0.01	17.21±0.40	16.91±0.24	NS
2nd	46.54±0.95	48.86±1.23	47.43±0.60	NS
3rd	76,26[b] ±1,12	77,81[b] ±1,04	71,61[a] ±0,71	**
4.o	103.41±2.49	105.56±2.47	99.93±0.34	NS
5th	113.76±3.36	113.82±1.01	108.39±0.93	NS
6th	114.16±2.51	114.22±1.13	106.19±2.86	NS
7th	100.41±2.49	93.93±2.07	94.44±0.95	NS
8th	114,00[b] ±3,14	107,62[ab] ±1,42	101,21[a] ±1,98	*

As médias com diferentes sobrescritos na mesma linha diferem significativamente.

** P≤0,01, *P≤0,05.

A presente constatação está de acordo com o relatório de Reddy *et al.* (1980), que referiu que o aumento dos níveis de proteínas (17, 20 e 23%) na dieta melhorava a eficiência alimentar dos patinhos Khaki Campbell, enquanto o consumo de ração entre os tratamentos permanecia constante. Concluiu que a taxa de crescimento tinha um efeito pronunciado na eficiência alimentar e não o consumo efetivo de ração.

Tabela 8. Consumo cumulativo de ração (g) por pato nos diferentes tratamentos durante a incubação (com base na matéria seca)

Idade (semanas)	T1 (18%)	T2 (20%)	T3 (22%)	Observação
0-1	112.91±1.15	120.53±1.63	118.18±1.51	NS
0-2	438.73±6.68	463.00±10.16	450.20±5.75	NS

0-3	972.53±13.10	1007.69±16.69	951.45±8.37	NS
0-4	1696.41±31.37	1746.59±33.93	1650.94±9.94	NS
0-5	2492.73±54.87	2543.32±40.74	2409.68±16.00	NS
0-6	3291.83±72.42	3342.85±43.35	3153.01±30.82	NS
0-7	3994.72±89.82	4000.38±56.42	3814.13±36.34	NS
0-8	4792.75±111.79	4753.76±57.12	4522.82±49.77	NS
4-8 (4 semanas)	3096.34±80.43	3007.17±32.75	2871.68±42.10	NS

NS- Não significativo

O rácio cumulativo de conversão alimentar (Quadro 9 e Fig. 4) dos patos (0-8 semanas) submetidos a diferentes tratamentos revelou que havia uma tendência de aumento gradual com a idade. Uma diferença não significativa na taxa de conversão alimentar durante as 0-6 semanas de idade pode ser atribuída a uma eficiência semelhante nos diferentes tratamentos. O rácio de conversão alimentar cumulativo foi significativamente mais elevado em T_1 (3,24+0,03) do que em T_2 (2,91 ±0,03) e T3 (2,56+0,03) durante as 0-4 semanas de idade. O rácio de conversão alimentar cumulativo dos patos durante as 4-8 semanas de idade foi considerado não significativamente diferente entre os diferentes tratamentos, variando entre 4,54 e 4,93. O rácio de conversão alimentar acumulado dos patos durante o período de 0-8 semanas foi significativamente mais baixo no T3 (3,60+0,03) do que no T_1 (3,97+0,02). No entanto, as diferenças entre T_2 e T3 não foram significativas.

Tabela 9. Rácio de conversão alimentar acumulado (ração/ganho) dos patos sob diferentes tratamentos (0-8 semanas)

Idade (semanas)	T1 (18%)	T2 (20%)	T3 (22%)	Observação
0-1	2,84[b] ±0,17	2,44[ab] ±0,04	2,13[a] ±0,03	**
0-2	2,63[b] ±0,10	2,42[b] ±0,02	2,06[a] ±0,01	**
0-3	2,61[b] ±0,02	2,49[b] ±0,03	2,17[a] ±0,04	**
0-4	3,24[c] ±0,03	2,91[b] ±0,03	2,56[a] ±0,07	**
0-5	3,06[b] ±0,01	2,95[ab] ±0,04	2,74[a] ±0,06	**
0-6	3.20±0.04	3.11±0.04	2.96±0.09	NS

0-7	3,59^b ±0,01	3,55^b ±0,07	3,33^a ±0,03	*
0-8	3,97^b ±0,02	3,93^{ab} ±0,05	3,60^a ±0,03	**
4-8 (4 semanas)	4.54±0.01	4.93±0.12	4.73±0.14	NS

As médias com diferentes sobrescritos na mesma linha diferem significativamente.

** P≤0,01, *P≤0,05.

A presente constatação é comparável à de Singh e Moudgal (1976) que verificaram que o rácio de conversão alimentar dos patos Pekin às 7 semanas de idade era de 3,88, 4,18 e 4,05 com rações que continham 17, 21 e 25% de proteínas brutas, respetivamente, e à de Reddy *et al.* (1980) que verificaram que a eficiência alimentar (2,96, 2,57, 2,55 nas 0-4 semanas e 4,00, 3,58 e 3,53 nas 4-8 semanas de idade com 17, 20 e 23% de proteínas) era paralela ao ganho de peso corporal. A presente observação não está de acordo com Singh e Pal (1978) que

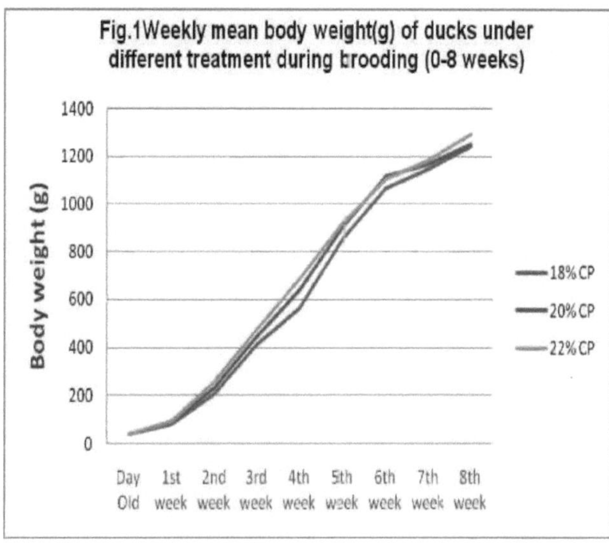

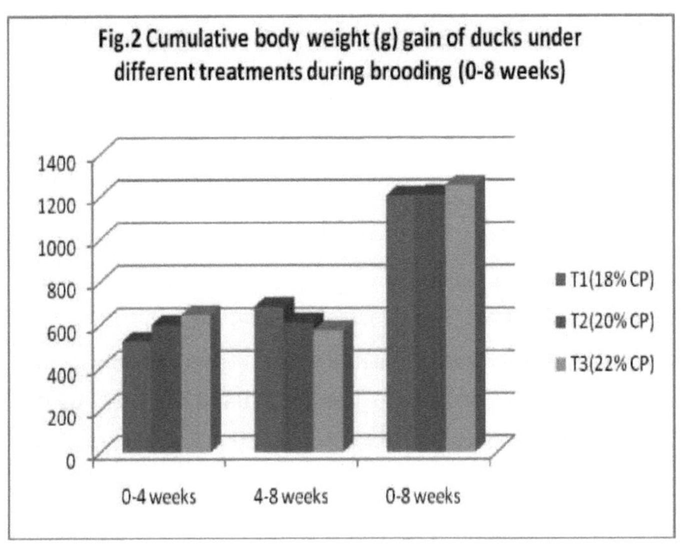

Fig.2 Cumulative body weight (g) gain of ducks under different treatments during brooding (0-8 weeks)

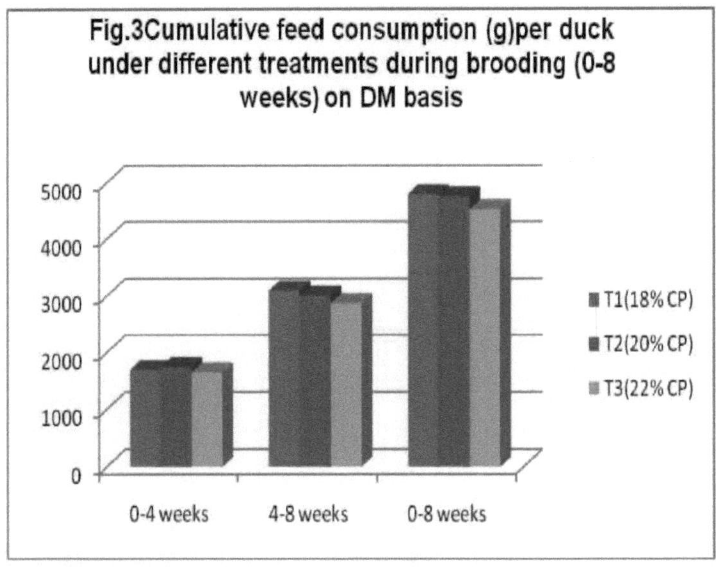

Fig.3Cumulative feed consumption (g)per duck under different treatments during brooding (0-8 weeks) on DM basis

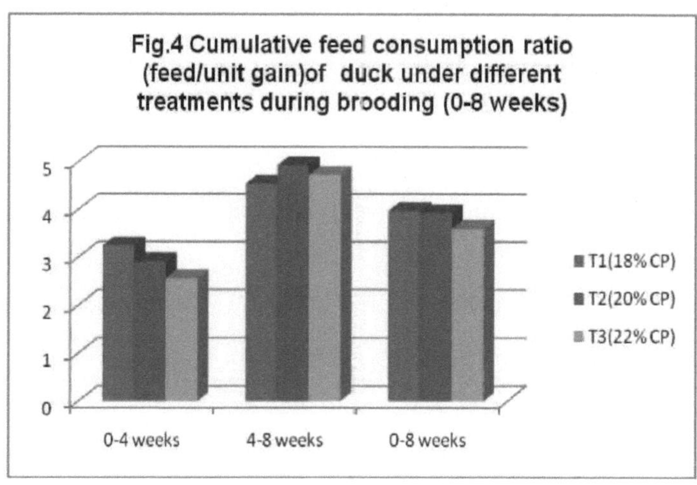

relataram uma diferença não significativa na eficiência da conversão alimentar em qualquer altura em patos Pekin brancos com uma dieta contendo vários níveis de proteínas. Esta discrepância observada no presente estudo pode dever-se a diferenças na raça e nas condições climatéricas que foram fornecidas aos patos.

Mortalidade

A mortalidade dos patinhos sob diferentes tratamentos é apresentada no Quadro 10.

Quadro 10. Efeito dos diferentes tratamentos na mortalidade (%) dos patos

Grupo etário	T1 (18%)	T2 (20%)	T3 (22%)
0-4semanas	2.67(2/75)	4.00(3/75)	2.67(2/75)
4-8semanas	2.67(2/75)	5.33(4/75)	6.67(5/75)
0-8 semanas	5.33(4/75)	9.33(7/75)	9.33(7/75)

O número entre parêntesis representa o número de mortos/total

Verificou-se que a mortalidade variou de 2,67 a 4,00% durante as primeiras quatro semanas de idade (0-4 semanas) e de 2,67 a 6,67% durante as quatro semanas seguintes de idade (4-8 semanas). A mortalidade geral (0-8 semanas) durante o período experimental foi baixa em T1 com dieta de 18% de proteína (5,33%) em comparação com T2 com dieta de 20% de proteína (9,33%) e T3 com dieta de 22% de proteína (9,33%). A mortalidade observada no presente estudo está de acordo com o relatório de Panda e Mohapatra (1989) que observaram que a mortalidade das patas poedeiras durante a incubação (0-11 semanas) era de 10%.

Metabolizabilidade dos nutrientes

Os parâmetros metabolizáveis de diferentes nutrientes no final do período de incubação (8 semanas) no pato Khaki Campbell são apresentados no quadro 11.

Tabela 11. Metabolizabilidade dos nutrientes (%) nos diferentes grupos de tratamento.

Particularidades	T1 (18%)	T2 (20%)	T3 (22%)	Observação
Matéria seca	75,46[a] ±0,90	77,70[ab] ±0,30	79,38[b] ±0,89	*
Matéria orgânica	80,67[a] ±0,78	81,47[ab] ±0,26	83,79[b] ±0,54	*
Proteína bruta	74,45[a] ±0,34	76,33[ab] ±0,70	79,16[b] ±0,85	**
Extrato de éter	56.35±1.81	58.21±0.66	61.18±1.11	NS

As médias com diferentes sobrescritos na mesma linha diferem significativamente.

** $P \leq 0,01$, *$P \leq 0,05$.

A metabolizabilidade aparente da matéria seca em T1, T2 e T3 foi de 75,46+0,90, 77,70+0,30 e 79,38+0,89 por cento, respetivamente. Houve uma diferença significativa na metabolizabilidade da matéria seca (por cento) entre os diferentes tratamentos, onde a metabolizabilidade da matéria seca foi significativamente maior em T3 (dieta com 22% de proteína) do que em T1 (dieta com 18% de proteína), mas as diferenças entre T2 e T3 não foram significativas. A maior metabolização da matéria seca nas aves do T3 pode dever-se a uma melhor utilização dos nutrientes nestes grupos. A metabolizabilidade aparente da matéria seca foi inferior ao valor de 84-89 por cento, conforme relatado por Eusebio *et al.* (2004) e bem comparável ao relatório de Mohanty (2012), que relatou que o valor estava na faixa de 74,91 a 75,78 por cento. A metabolizabilidade da matéria orgânica foi significativamente mais elevada em T3 (83,79+0,54 por cento) do que em T1 (80,67+0,78 por cento), mas a diferença entre T2 e T3 foi considerada não significativa. A metabolizabilidade da proteína bruta foi significativamente ($P \leq 0,01$) mais elevada em T3 (79,i6+0,85 por cento) do que em T1 (74,45+0,34 por cento), mas as diferenças entre T2 e T3 foram consideradas não significativas. Gul *et al.* (2007) relataram que, ao aumentar o teor de PC da dieta (28,30 e 32 por cento), a metabolizabilidade aparente por cento de proteína bruta, gordura e matéria seca aumentou significativamente. A diferença na metabolizabilidade observada no presente estudo pode dever-se ao facto de o coeficiente de metabolizabilidade aparente poder ser afetado pelo tipo de matéria-prima utilizada. My Tu *et al.* (20i2) registaram uma maior metabolizabilidade numa dieta rica em proteínas do que numa dieta pobre em proteínas. O efeito de diferentes níveis de proteína na metabolizabilidade do extrato etéreo variou entre 56,35 por cento (Ti) e 6i.i8 por cento (T3) e as diferenças entre os diferentes tratamentos foram consideradas não significativas.

Awad *et al.* (20ii) relataram que a metabolização de todos os nutrientes não foi significativamente afetada pela alimentação com diferentes níveis de EM na dieta, exceto a fibra bruta, que foi significativamente melhorada com 2950 kcal EM/kg, enquanto a metabolização da PC e EE foi significativamente melhorada (P≤0,0i) com o aumento do nível de PC na dieta.

N-Balanço

O efeito de diferentes níveis de proteína na dieta sobre o balanço de azoto é apresentado no Quadro i2. A ingestão de azoto é significativamente maior com o aumento do nível de proteína na dieta (P≤0,05). A ingestão de azoto foi significativamente mais elevada em T3 (3,63 g/dia) do que em Ti (3,i6 g/dia), mas a diferença entre T3 e T2 foi considerada não significativa.

Tabela 12. Balanços de azoto (N) nos diferentes grupos de tratamento.

Particularidades	T1 (18%)	T2 (20%)	T3 (22%)	Observação
Ingestão de N (g/dia)	3,16[a] ±0,04	3,60[b] ±0,03	3,63[b] ±0,14	*
N Saída (g/dia)	0.81±0.01	0.85±0.02	0.76±0.06	NS
Balanço de N (g/dia)	2,35[a] ±0,04	2,77[ab] ±0,06	2,87[b] ±0,09	**
N Saldo em % de N Admissão	74,45[a] ±0,34	76,33[ab] ±0,70	79,16[b] ±0,85	**

As médias com diferentes sobrescritos na mesma linha diferem significativamente.

** P≤0,01, *P≤0,05.

A saída de azoto fecal não foi significativamente diferente entre todos os tratamentos (P≥0,05) e variou entre 0,76 g/d a e 0,85 g/dia. O balanço de nitrogênio como porcentagem da ingestão de nitrogênio foi significativamente maior em T3 (79,16 + 0,85) do que Ti (74,45 + 0,34), indicando que a retenção de nitrogênio foi significativamente reduzida quando o nível de proteína na dieta foi reduzido de 22 para 18 por cento. Gomide *et al.* (2011)

ilustraram que a excreção de azoto e fósforo diminuiu com a redução do nível de proteína bruta na dieta de frangos de carne.

Parâmetros bioquímicos do sangue

O perfil bioquímico do sangue dos patos nos diferentes tratamentos após 8 semanas de idade é apresentado no Quadro 13. No presente estudo, o impacto de diferentes níveis de suplementação proteica na dieta do pato Khaki Campbell foi considerado não significativo no que respeita à concentração de glicose, proteínas totais, albumina, globulina, A: G, colesterol total e creatinina após 8 semanas de idade.

A concentração de glucose variou entre 172,77 e 187,90 mg/dl nos homens e entre 201,33 e 230,97 mg/dl nas mulheres. A concentração total de glucose variou entre 187,05 e 208,80 mg/dl. Os valores actuais estão bem dentro do valor normal de 125-200 mg/dl, tal como referido por Banjerjee (2010). Não houve diferença significativa entre os grupos de tratamento.

O conteúdo total de proteínas no sangue de patos Khaki Campbell durante 9th semanas de idade variou de 4,92+0,49 (T3) a 5,13+0,64 g/dl (T1) sob diferentes tratamentos. O valor atual está de acordo com o relatório de 5,95+0,36 (g/dl) em patos nigerianos com 8-10 semanas de idade (Olayemi *et al.*, 2002), mas é superior ao relatório de Mohanty (2012), que comunicou uma concentração de proteínas totais de 3,75 a 4,05 g/dl em patos Khaki Campbell com 8 semanas de idade, e inferior ao relatório de Behera (2009), que comunicou uma concentração de proteínas totais de 6,30 a 6,34 g/dl em patos Desi com 8 semanas de idade, nas condições de Odisha. Polat *et al.* (2003), em avestruzes, Haihua *et al.* (2011), em visons, e Riyazi *et al.* (2011), em frangos de carne, também registaram uma diferença não significativa semelhante nas proteínas totais do soro com diferentes níveis de proteínas da dieta. Ao contrário do presente estudo, Zavery (1984) referiu que os factores nutricionais afectavam principalmente as proteínas totais no soro, sendo mais elevados numa dieta rica em proteínas. Esta contradição pode dever-se à diferença na utilização de diferentes níveis de proteína.

Tabela 13. Perfil bioquímico do sangue dos patos nos diferentes tratamentos após 8 semanas de idade

Particularidades	T1 (18%)	T2 (20%)	T3 (22%)	Observação
Glicose (mg/dl)				
Masculino	172.77±15.66	187.90±16.43	186.63±8.33	NS

Feminino	201.33±10.63	202.27±17.34	230.97±12.70	NS
Sexo combinado	187.05±10.61	195.08±11.15	208.80±12.02	NS
Proteína total(g/dl				
Masculino	6.08±0.96	5.01±0.26	5.42±0.92	NS
Feminino	4.17±0.46	4.99±0.20	4.41±0.33	NS
Sexo combinado	5.13±0.64	5.00±0.15	4.92±0.49	NS
Albumina(g/dl)				
Masculino	1.50±0.11	1.54±0.09	1.56±0.02	NS
Feminino	1.74±0.04	2.16±0.34	1.80±0.07	NS
Sexo combinado	1.62±0.08	1.85±0.21	1.68±0.06	NS
Globulina(g/dl)				
Masculino	4.58±1.06	3.47±0.10	3.86±0.91	NS
Feminino	4.35±0.99	2.85±0.38	3.63±0.88	NS
Sexo combinado	4.46±0.65	3.16±0.24	3.74±0.57	NS
Al		**bumin : Globulina**		
Masculino	0.39±0.14	0.45±0.03	0.44±0.08	NS
Feminino	0.46±0.14	0.81±0.23	0.54±0.10	NS
Sexo combinado	0.43±0.09	0.63±0.13	0.49±0.06	NS
Colesterol total (mg/dl)				
Masculino	130.63±12 80	138.50±10.21	132.47±14.83	NS
Feminino	149.10±1.72	160.21±4.34	135.37±17.57	NS
Sexo combinado	139.87±7.10	149.36±6.94	133.92±10.30	NS
Ureia(mg/dl)				
Masculino	6.98±1.65	9.73±0.95	9.42±2.09	NS
Feminino	5,20[a] ±1,C5	10,68[b] ±0,16	5,48[a] ±1,54	*
Sexo combinado	6,09[a] ±0,96	10,20[b] ±0,48	7,45[a] ±1,46	*
Creatinina(mg/dl)				
Masculino	0.73±0.10	0.96±0.14	1.08±0.07	NS

Feminino	0.80±0.24	0.73±0.03	1.01±0.04	NS
Sexo combinado	0.77±0.12	0.84±0.08	1.05±0.04	NS
Cálcio(mg/dl)				
Masculino	9.22±0.39	8.06±0.62	9.87±0.14	NS
Feminino	7,52^a ±0,41	8,73^a ±0,72	10,14^b ±0,29	*
Sexo combinado	8,37^a ±0,46	8,39^a ±0,45	10,01^b ±0,16	*
SGOT(u/l)				
Masculino	22.43±5.41	28.57±3.21	20.37±5.04	NS
Feminino	22.70±0.00	27.41±6.70	34.92±0.87	NS
Sexo combinado	22.57±2.42	27.99±3.33	27.65±3.98	NS
SGPT(u/l)				
Masculino	9.21±0.64	9.31±1.16	6.57±0.68	NS
Feminino	8.36±1.24	6.99±1.02	6.07±0.84	NS
Sexo combinado	8.79±0.65	8.15±0.86	6.32±0.50	NS

As médias com diferentes sobrescritos na mesma linha diferem significativamente.

*P≤0,05, NS-Não significativo

Os teores séricos de albumina (g/dl), globulina (g/dl), albumina : globulina e colesterol total (mg/dl) estavam bem dentro dos limites normais e variaram entre 1,62 e 1,85, 3,16 e 4,46, 0,43 e 0,49 e 133,92 e 149,36, respetivamente.

A concentração sérica de ureia (mg/dl) estava dentro dos limites normais, mas era significativamente mais elevada no T_2 (10,20+0,48) do que no T_1 (6,09+0,96) e no T3 (7,45+1,46), o que pode dever-se a um maior consumo de ração, que conduziu a uma maior ingestão de proteínas neste grupo de aves. A concentração de creatinina no soro variou entre 0,77+0,12 mg/dl (T_1) e 1,05+0,04 mg/dl (T_3), indicando um efeito não significativo dos diferentes níveis de suplementação proteica nos patos. O valor da ureia e da creatinina no presente estudo estava bem dentro da gama normal e concordava com o relatório de Olayemi *et al.* (2002), que registou um teor de ureia de 27,10 mg/dl e um teor de creatinina de 1,20 mg/dl em patos nigerianos com 8-10 semanas de idade.

A concentração de cálcio foi significativamente mais elevada em T3 (10,01 mg/dl) do que em T_1 (8,37 mg/dl) e T_2 (8,39 mg/dl), mas a diferença entre T_1 e T_2 foi considerada não significativa. Isso pode ser devido à melhor metabolização da matéria seca (Tabela 11) em

T3 (79,38%) do que em т1 (75,46%) e т2 (77,70%). O valor atual do cálcio está de acordo com o relatório de Mohanty (2012) que relatou a concentração de cálcio no intervalo de 7,73 a 8,42 mg/dl em patos Khaki Campbell com 9th semanas de idade.

O perfil enzimático sérico do pato Khaki Campbell de 8 semanas de idade, como SGOT e SGPT, é apresentado no Quadro 13. Não se registou qualquer efeito significativo dos diferentes níveis de suplementação proteica na dieta sobre estes parâmetros. O valor de SGOT variou de 22,57 a 27,99 (u/l) e o valor de SGPT variou de 6,32 a 8,79 (u/l). Os resultados actuais estão bem dentro dos limites normais, o que indica um melhor estado de saúde de todos os patos, independentemente dos diferentes níveis de suplementação proteica. Este achado está de acordo com Olayemi *et al.* (2002) e Mohanty (2012) que relataram valores de SGOT e SGPT de 37,00 (u/l) e 30,10 (u/l) em patos nigerianos e 22,41 a 25,81 (u/l) e 32,94+44,70 (u/l)a 44,70+ 6,33 (u/l) em patos Khaki Campbell de 9th semanas de idade, respetivamente.

Economia

O custo da ração por kg de pesc vivo ganho pelos patos durante as diferentes fases de crescimento é apresentado no Quadro 14. O efeito da suplementação de diferentes níveis de proteína no consumo cumulativo de ração dos patos foi estatisticamente não significativo entre os diferentes tratamentos durante as 0-4 semanas de idade e variou entre 1650,94+9,94 g (т3) e 1746,59+33,93 g (т2).

Quadro 14. Custo da alimentação/kg de ganho de peso vivo (Rs.) dos patos durante as diferentes fases de crescimento

Particularidades	T1 (18%)	T2 (20%)	T3 (22%)	Observação
Período de 0-4 semanas				
Custo da alimentação (Rs/kg)	26.05	27.15	28.25	
Custo da alimentação com base na matéria seca (Rs/kg)	28.15	29.34	30.52	
Alimentação acumulada Ingestão/pato (g)	1696.41±31.37	1746.59±33.93	1650.94±9.94	NS

Ganho de peso corporal acumulado/pato(g)	523,11^a ±6,43	600,41^b ±10,18	646,78^b ±16,19	*
Custo da alimentação consumida/pato (Rs)	47.75±0.88	51.24±1.00	50.39±0.30	NS
Custo da ração/kg de ganho de peso vivo (Rs)	91,27^b ±0,72	85,34^b ±0,94	78,00^a ±2,21	*
Período de 0-8 semanas				
Alimentação acumulada Ingestão/pato (g)	4792.75±111.79	4753.76±57.12	4522.82±49.77	NS
Ganho de peso corporal acumulado/pato (g)	1205.59±22.02	1210.76±9.96	1254.62±2.01	NS
Custo da alimentação consumida/pato (Rs)	134.90±3.15	139.45±1.68	138.05±1.52	NS
Custo da ração/kg de ganho de peso vivo (Rs)	111.88±0.60	115.19±1.58	110.03±1.04	NS

As médias com diferentes sobrescritos na mesma linha diferem significativamente. *P≤0,05,NS-Não significativo

O ganho de peso corporal acumulado foi significativamente menor em T1 (18% de proteína) do que em T2 (20% de proteína) e T3 (22% de proteína). Houve uma diferença não significativa no custo da ração consumida por pato durante 0-4 semanas de idade entre os diferentes tratamentos, variando de Rs. 47,75 (T1) a Rs. 51,24 (T2). O custo da ração por kg de peso vivo ganho foi significativamente mais baixo em T3 (Rs. 78.00) seguido por T2 (Rs. 85.34) e T1 (Rs. 91.27) de 0-4 semanas de idade indicando que 22% de suplementação de proteína na dieta durante o período de 0-4 semanas é ótimo para os patinhos.

Durante o período de 0-8 semanas, o custo da ração consumida por pato não foi significativo entre os diferentes tratamentos, variando de Rs. 134,90 (T1) a Rs. 139,45 (T2). O custo da ração/kg de ganho de peso vivo também não foi significativo entre os diferentes tratamentos, variando de Rs. 110,03 (T3) a Rs. 115,19 (T2), indicando que o nível de proteína entre 18 e 22 por cento produziu um crescimento aproximadamente equivalente após 4 semanas de idade.

CAPÍTULO - V

RESUMO E CONCLUSÃO

O trabalho de investigação intitulado "Efeito da alimentação com diferentes níveis de proteínas durante o período de criação no desempenho dos patos Khaki Campbell" foi realizado durante um período de 8 semanas para estudar o efeito da alimentação com diferentes níveis de proteínas durante o período de criação (0-8 semanas) no crescimento, na eficiência alimentar, na mortalidade, na metabolizabilidade dos nutrientes e nos parâmetros bioquímicos. Para o estudo, 225 patinhos Khaki Campbell do dia, não sexados, foram divididos em três grupos de tratamento com três réplicas em cada grupo, com 25 patinhos em cada recinto de réplicas. Os três grupos de tratamento receberam uma dieta isocalórica com 18, 20 ou 22% de proteínas brutas.

Peso corporal

O peso corporal dos patinhos com um dia de idade, nos diferentes tratamentos, variou entre 37,86+1,29 e 38,36+1,34 g. A análise estatística revelou que não houve diferença significativa no peso corporal dos patinhos com um dia de idade, nos diferentes tratamentos. O peso vivo dos patinhos nos diferentes tratamentos aumentou de forma constante até às 8 semanas de idade com o avançar da idade, atingindo o peso corporal mais baixo de 1243,45+23,01 g em T1 (dieta com 18% de proteínas) e o peso corporal mais alto de 1292,97+0,71 g em T3 (dieta com 22% de proteínas).

Registou-se uma diferença significativa (P ≤ 0,01) no peso corporal dos patinhos entre os diferentes tratamentos a partir da 1st semana até à 4th semana de idade. O ganho médio semanal de peso corporal foi significativamente (P ≤ 0,01) maior em T3 (dieta com 22% de proteína) do que em T1 (dieta com 18% de proteína) durante 1st , 2nd e 4th semanas de idade. No entanto, a média semanal de ganho de peso corporal não foi significativa em T3 e T2 durante 1st e 4th semanas de idade. A superioridade da taxa de crescimento dos patinhos em T3 em relação a T1 ou T2 pode dever-se a um maior consumo de proteínas da ração.

A média semanal de ganho de peso corporal dos patos sob os diferentes tratamentos foi considerada não significativa das 5th às 8th semanas de idade. O ganho cumulativo de peso corporal mostrou uma tendência crescente, atingindo o valor mais alto de 1254,62+2,01 g em T3, contra 1205,52+22,02 g em T1, até às 8 semanas de idade.

Registou-se uma diferença significativa (P ≤ 0,01) no ganho de peso corporal acumulado dos patos durante as 0-5 semanas de idade entre T3 e T1, mas as diferenças entre T3 e T2 não foram significativas. O ganho de peso corporal dos patos foi significativamente maior em T3 (nível de proteína de 22%) em comparação com T1 (nível de proteína de 18%) até às 5 semanas de idade.

As diferenças no ganho de peso corporal acumulado dos patos sob diferentes tratamentos foram consideradas não significativas entre as 6 e as 8 semanas de idade. O ganho de peso corporal acumulado dos patos durante as semanas 0-6, 0-7 e 0-8 de idade foi mais elevado em T3 do que em T1, embora as diferenças não fossem estatisticamente significativas. O mesmo valor em T3 e T1 foi de 1066,32 Vs 1027,69 g, 1146,45 Vs 1111,29 g e 1254,62 Vs 1205,59 g durante 0-6, 0-7 e 0-8 semanas, respetivamente. O ganho de peso corporal acumulado foi significativamente maior em T3 (646,78+16,19 g) do que em T1 (523,11+6,43 g) durante 0-4 semanas de idade, mas as diferenças entre T3 e T2 não foram significativas (646,78+16,19 g Vs 600,41+10,18 g). O ganho de peso corporal cumulativo não foi significativo entre os diferentes tratamentos durante 4-8 semanas de idade, variando de 574,30 g a 684,48 g, indicando que os níveis de proteína entre 18 e 22% podem estar a ter um efeito semelhante no que diz respeito ao ganho de peso corporal em patos após 4 semanas de idade. Assim, pode sugerir-se que as necessidades proteicas durante a fase inicial da vida devem ser mantidas a um nível mais elevado.

Consumo de ração e rácio de conversão alimentar (FCR)

Os dados sobre o consumo semanal de ração durante a incubação (0-8 semanas) revelaram que houve uma tendência de aumento do consumo de ração até às 8 semanas de idade com o avançar da idade. Não houve diferença significativa entre os diferentes tratamentos no que diz respeito ao consumo semanal de ração em quase todas as semanas, exceto na semana 3rd e na semana 8th. O consumo semanal de ração por pato foi significativamente maior em T1 e T2 do que em T3 durante 3rd semanas de idade (533,80 e 544,69 g Vs 501,25 g). Durante 8th semanas de idade, o consumo semanal de ração foi significativamente menor em T2 (753,38 g) e T3 (708,50 g) do que em T1 (798,01 g).

As aves do T1 (dieta com 18% de proteínas) podem ter consumido uma maior quantidade de ração para além da semana de idade. 4th semana de idade, o que pode ter produzido uma taxa de crescimento compensatória durante o período de 0-8 semanas, em que o peso corporal acumulado dos patos não foi significativamente diferente entre os diferentes tratamentos. O consumo semanal de ração por pato, que variava de 112,91 a 120,53 g por semana durante a 1st semana, aumentou para 708,50 a 798,01 g por semana durante o período de 8th semanas.

O consumo médio diário de ração por pato variou de 16,13 a 17,21 g/dia durante a 1st semana, aumentando linearmente até atingir o valor de 101,21 a 114,00 g/pato/dia na 8th semana de idade. Não houve diferença significativa no consumo médio diário de ração/pato nos diferentes tratamentos, exceto às 3rd e 8th semanas, em que o consumo de ração dos patos de T1 e T2 foi significativamente superior ao de T3. O consumo cumulativo de ração por pato variou de 1650,94+9,94 (T3) a 1746,59+33,93 g (T2) durante o período de 04 semanas e de 2871,68+42,10 (T3)a 3096,34+80,43 g (TI) durante 4-8 semanas de idade. O consumo total acumulado de ração por pato nos diferentes tratamentos foi considerado não significativamente diferente durante os diferentes períodos de crescimento, com um valor que varia de 4522,82 a 4792,75 g por pato durante 0-8 semanas de idade.

O rácio cumulativo de conversão alimentar dos patos (0-8 semanas) sob diferentes tratamentos revelou que havia uma tendência crescente em relação à idade. Uma diferença não significativa na taxa de conversão alimentar durante as 0-6 semanas de idade pode ser atribuída a uma eficiência semelhante nos diferentes tratamentos. O rácio de conversão alimentar acumulado foi significativamente mais elevado em T1 (3,24+0,03) do que em T2 (2,91+0,03) e T3 (2,56+0,03) durante as 0-4 semanas de idade. O rácio cumulativo de conversão alimentar dos patos durante as 4-8 semanas de idade foi considerado não significativamente diferente entre os diferentes tratamentos, variando de 4,54 a 4,93. O rácio de conversão alimentar acumulado dos patos durante o período de 0-8 semanas foi significativamente mais baixo no T3 (3,60+0,03) do que no T1 (3,97+0,02). No entanto, as diferenças entre T2 e T3 não foram significativas.

Mortalidade

Verificou-se que a mortalidade variou de 2,67 a 4,00% durante as primeiras quatro semanas de idade (0-4 semanas) e de 2,67 a 6,67% durante as quatro semanas seguintes de idade (4-8 semanas). A mortalidade geral (0-8 semanas) durante o período experimental foi baixa em T1 com dieta de 18% de proteína (5,33%) em comparação com T2 com dieta de 20% de proteína (9,33%) e T3 com dieta de 22% de proteína (9,33%).

Metabolizabilidade dos nutrientes

A metabolizabilidade aparente da matéria seca em T1, T2 e T3 foi de 75,46+0,90, 77,70+0,30 e 79,38+0,89 por cento, respetivamente. Houve uma diferença significativa na metabolizabilidade da matéria seca (por cento) entre os diferentes tratamentos, onde a metabolizabilidade da matéria seca foi significativamente maior em T3 (dieta com 22% de proteína) do que em T1 (dieta com 18% de proteína), mas as diferenças entre T2 e T3 não foram significativas. A maior metabolização da matéria seca nas aves do T3 pode dever-se a uma melhor utilização dos nutrientes nestes grupos. A metabolizabilidade da matéria orgânica foi significativamente mais elevada em T3 (83,79+0,54 por cento) do que em T1 (80,67+0,78 por cento), mas a diferença entre T2 e T3 não foi significativa. A metabolizabilidade da proteína bruta foi significativamente ($P \leq 0,01$) mais elevada em T3 (79,16+0,85 por cento) do que em T1 (74,45+0,34 por cento), mas as diferenças entre T2 e T3 foram consideradas não significativas. A diferença na metabolizabilidade observada no presente estudo pode dever-se ao facto de o coeficiente de metabolizabilidade aparente poder ser afetado pelo tipo de matéria-prima utilizada.

O efeito de diferentes níveis de proteína na metabolizabilidade do extrato etéreo variou entre 56,35% (T1) e 61,18% (T3) e as diferenças entre os diferentes tratamentos foram consideradas não significativas.

N-Balanço

A ingestão de azoto é significativamente maior com o aumento do nível de proteína na dieta ($P \leq 0,05$). A ingestão de azoto foi significativamente mais elevada em T3 (3,63 g/dia) do que em T1 (3,16 g/dia), mas a diferença entre T3 e T2 foi considerada não significativa.

A saída de azoto fecal não foi significativamente diferente entre todos os tratamentos ($P \geq 0,05$) e variou entre 0,76 g/dia e 0,85 g/dia. O balanço de azoto como percentagem da ingestão de azoto foi significativamente mais elevado em T3 (79,16+0,85) do que em TI (74,45+0,34), indicando que a retenção de azoto diminuiu significativamente quando o nível de proteína na dieta foi reduzido de 22 para 18 por cento.

Parâmetros bioquímicos do sangue

No presente estudo, o impacto de diferentes níveis de suplementação proteica na dieta do pato Khaki Campbell não foi significativo no que diz respeito à concentração de glicose, proteínas totais, albumina, globulina, A: G, colesterol total e creatinina após 8 semanas de idade.

A concentração de glicose variou entre 172,77 e 187,90 mg/dl nos homens e entre 201,33 e 230,97 mg/dl nas mulheres. A concentração global de glicose variou entre 187,05 e 208,80 mg/dl.

O teor total de proteínas no sangue dos patos Khaki Campbell durante a 9th semana de idade variou entre 4,92+0,49 (T3) e 5,13+0,64 g/dl (T1) nos diferentes tratamentos.

Os teores séricos de albumina (g/dl), globulina (g/dl), albumina : globulina e colesterol total (mg/dl) estavam bem dentro dos lim tes normais e variaram entre 1,62 e 1,85, 3,16 e 4,46, 0,43 e 0,49 e 133,92 e 149,36, respetivamente.

A concentração sérica de ureia (mg/dl) estava dentro dos limites normais, mas era significativamente mais elevada no T2 (10,20+0,48) do que no T1 (6,09+0,96) e no T3 (7,45+1,46), o que pode dever-se a um maior consumo de ração, que conduziu a uma maior ingestão de proteínas neste grupo de aves. A concentração de creatinina no soro variou entre 0,77+0,12 mg/dl (T1) e 1,05+0,04 mg/dl (T3), indicando um efeito não significativo dos diferentes níveis de suplementação proteica nos patos.

A concentração de cálcio foi significativamente maior em T3 (10,01 mg/dl) do que em T1 (8,37 mg/dl) e T2 (8,39 mg/dl), mas a diferença entre T1 e T2 foi considerada não significativa. Isso pode ser devido à melhor metabolização da matéria seca em T3 (79,38%) do que em T1 (75,46%) e T2 (77,70%).

Não se registou qualquer efeito significativo dos diferentes níveis de suplementação proteica na dieta sobre estes parâmetros. O valor de SGOT variou de 22,57 a 27,99 (u/l) e o valor de SGPT variou de 6,32 a 8,79 (u/l). Os resultados actuais estão bem dentro dos limites normais, o que indica um melhor estado de saúde de todos os patos, independentemente dos diferentes níveis de suplementação proteica

Economia

O efeito da suplementação de diferentes níveis de proteína no consumo cumulativo de ração dos patos foi estatisticamente não significativo entre os diferentes tratamentos durante 0-4 semanas de idade e variou de 1650,94+9,94 g (T3) a 1746,59+33,93 g (T2).

O ganho de peso corporal acumulado foi significativamente menor em T1 (18% de proteína) do que em T2 (20% de proteína) e T3 (22% de proteína). Houve uma diferença não significativa no custo da ração consumida por pato durante 0-4 semanas de idade entre os diferentes tratamentos, variando de Rs. 47,75 (T1) a Rs. 51,24 (T2). O custo da ração por kg de peso vivo ganho foi significativamente mais baixo em T3 (Rs. 78.00) seguido por T2 (Rs. 85.34) e T1 (Rs. 91.27) de 0-4 semanas de idade indicando que 22% de suplementação de proteína na dieta durante o período de 0-4 semanas é ótimo para os patinhos.

Durante o período de 0-8 semanas, o custo da ração consumida por pato não foi significativo entre os diferentes tratamentos, variando de Rs. 134,90 (T1) a Rs. 139,45 (T2). O custo da ração/kg de ganho de peso vivo também não foi significativo entre os diferentes tratamentos, variando de Rs. 110,03 (T3) a Rs. 115,19 (T2), indicando que o nível de proteína entre 18 e 22 por cento produziu um crescimento aproximadamente equivalente após 4 semanas de idade.

CONCLUSÃO

Tendo em conta os resultados obtidos na presente experiência, podem ser tiradas as seguintes conclusões

- A taxa de crescimento significativamente mais elevada, juntamente com um rácio de conversão alimentar significativamente mais baixo no tratamento com uma dieta de 22% de proteínas brutas, em comparação com os outros dois tratamentos de 20% de proteínas brutas e 18% de proteínas brutas, indicou que as rações para patos com 22% de proteínas brutas podem ser suficientes para as aves durante o período de criação (0-4 semanas) dos patos Khaki Campbell.

- O custo da ração por kg de peso vivo ganho foi significativamente mais baixo nos patos que receberam uma ração com 22% de proteína bruta do que com 20% ou 18% de proteína bruta durante as 0-4 semanas de idade.

- A taxa de crescimento não significativa, o consumo de ração, o rácio de conversão alimentar, o custo da ração por kg de ganho de peso vivo nos tratamentos com 22%, 20% e 18% de proteína bruta durante 4-8 semanas de idade indicaram que os níveis de proteína entre 18 e 22% podem ter um efeito semelhante no que diz respeito ao ganho de peso corporal, ao consumo de ração e ao rácio de conversão alimentar nos patos após 4 semanas de idade. Assim, pode sugerir-se que as necessidades proteicas durante a fase inicial da vida devem ser mantidas a um nível mais elevado.

Tabela 3. Peso corporal médio semanal (g) dos patos submetidos a diferentes tratamentos durante a incubação (0-8 semanas)

Idade em semanas	T1 (18%)	T2 (20%)	T3 (22%)	Observação
Dia antigo	37.86±1.29	38.17±0.42	38.36±1.34	NS
1°	77,96^a ±1,52	87,50^b ±1,07	93,81^b ±0,65	**
2nd	205,05^a ±7,25	229,52^{ab} ±2,67	257,09^b ±1,49	**
3rd	410,00^a ±5,51	443,77^b ±6,95	476,72^b ±6,03	**
4.o	560,96^a ±7,61	638,58^{ab} ±10,07	685,34^b ±16,47	**
5t^h	851.48±20.42	901.41±5.52	920.01±18.91	NS
6t^h	1065.55±11.56	1113.28±7.40	1104.67±30.66	NS

	1148.93±27.77	1164.22±21.84	1184.82±14.70	NS
y th				
8t[h]	1243.45±23.01	1248.95±9.54	1292.97±0.71	NS

As médias com diferentes sobrescritos na mesma linha diferem significativamente.

** P≤0,01, *P≤0,05

NS-Não significativo

Tabela 4. Ganho médio semanal de peso corporal (g) dos patos submetidos a diferentes tratamentos durante a incubação (0-8 semanas)

Idade em semanas	T1 (18%)	T2 (20%)	T3 (22%)	Observação
1st	40,00[a] ±2,56	49,33[ab] ±1,19	55,45[b] ±1,29	**
2nd	127,19[a] ±8,15	141,01[b] ±2,72	163,28[c] ±2,01	**
3rd	205.18±4.42	214.25±5.35	219.62±5.03	NS
4.o	150,73[a] ±4,48	194,81[b] ±10,33	208,62[b] ±12,51	*
5th	290.51±14.51	262.83±10.84	234.67±14.72	NS
6th	214.07±9.67	211.88±11.60	184.69±25.26	NS
y th	83.38±15.31	50.93±14.57	80.14±24.47	NS
8th	94.52±1.49	84.72±14.30	108.16±14.18	NS

As médias com diferentes sobrescritos na mesma linha diferem significativamente.

** P≤0,01, *P≤0,05.

Tabela 5. Ganho acumulado de peso corporal (g) dos patos submetidos a diferentes tratamentos durante a incubação (0-8 semanas)

Idade em semanas	T1 (18%)	T 2(20%)	T3 (22%)	Observação
0-1	40,00[a] ±2,56	49,33[ab] ±1,19	55,45[b] ±1,29	**
0-2	167,19[a] ±7,47	191,34[ab] ±2,58	218,73[b] ±2,75	**
0-3	372,37[a] ±4,70	405,60[b] ±6,59	438,36[c] ±6,61	*
0-4	523,11[a] ±6,43	600,41[b] ±10,18	646,78[b] ±16,19	*

0-5	813,62[a] ±19,68	863,24[b] ±5,12	881,65[b] ±19,58	*
0-6	1027.69±11.15	1075.11±7.76	1066.32±30.07	NS
0-7	1111.29±22.89	1126.05±22.23	1146.45±15.30	NS
0-8	1205.59±22.02	1210.76±9.96	1254.62±2.01	NS
4-8	684.48±16.08	610.36±12.91	574.30±49.69	NS

As médias com diferentes sobrescritos na mesma linha diferem significativamente.

** $P \leq 0,01$, *$P \leq 0,05$.

Tabela 6. Consumo semanal de ração (g) por pato em diferentes tratamentos durante a criação (com base na matéria seca)

Idade em semanas	T1 (18%)	T2 (20%)	T3 (22%)	Observação
1st	112.91±1.15	120.53±1.63	118.18±6.65	NS
2nd	325.82±6.68	342.46±8.61	332.02±4.24	NS
3rd	533,80[b] ±7,82	544,69[b] ±7,27	501,25[a] ±4,99	*
4.o	723.75±17.31	738.90±17.30	699.49±2.38	NS
5th	796.32±23.50	796.73±7.08	758.74±6.47	NS
6th	799.10±17.56	799.49±7.90	743.33±20.00	NS
y th	702.90±17.46	657.43±14.47	661.11±6.65	NS
8th	798,01[b] ±21,98	753,38[ab] ±9,96	708,50[a] ±13,85	*

As médias com diferentes sobrescritos na mesma linha diferem significativamente. *$P \leq 0.05$.

Tabela 7. Consumo médio diário de ração (g) por pato nos diferentes tratamentos durante a criação (com base na matéria seca)

Idade em semanas	T1 (18%)	T2 (20%)	T3 (22%)	Observação
1º	16.13±0.01	17.21±0.40	16.91±0.24	NS
2.o	46.54±0.95	48.86±1.23	47.43±0.60	NS
3ª	76,26[b] ±1,12	77,81[b] ±1,04	71,61[a] ±0,71	**

4.o	103.41±2.49	105.56±2.47	99.93±0.34	NS
5th	113.76±3.36	113.82±1.01	108.39±0.93	NS
6th	114.16±2.51	114.22±1.13	106.19±2.86	NS
y th	100.41±2.49	93.93±2.07	94.44±0.95	NS
8th	114,00[b] ±3,14	107,62[ab] ±1,42	101,21[a] ±1,98	*

As médias com diferentes sobrescritos na mesma linha diferem significativamente. ** P≤0,01, *P≤0,05.

Quadro 8: Consumo cumulativo de ração (g) por pato em diferentes tratamentos durante a incubação (com base na matéria seca)

Idade em semanas	T1 (18%)	T2 (20%)	T3 (22%)	Observação
0-1	112.91±1.15	120.53±1.63	118.18±1.51	NS
0-2	438.73±6.68	463.00±10.16	450.20±5.75	NS
0-3	972.53±13.10	1007.69±16.69	951.45±8.37	NS
0-4	1696.41±31.37	1746.59±33.93	1650.94±9.94	NS
0-5	2492.73±54.87	2543.32±40.74	2409.68±16.00	NS
0-6	3291.83±72.42	3342.85±43.35	3153.01±30.82	NS
0-7	3994.72±89.82	4000.38±56.42	3814.13±36.34	NS
0-8	4792.75±111.79	4753.76±57.12	4522.82±49.77	NS
4-8	3096.34±80.43	3007.17±32.75	2871.68±42.10	NS

NS- Não significativo

Tabela 9. Rácio de conversão alimentar acumulado (ração/ganho) dos patos sob diferentes tratamentos (0-8 semanas)

Idade em semanas	T1 (18%)	T2 (20%)	T3 (22%)	Observação
0-1	2,84[b] ±0,17	2,44[ab] ±0,04	2,13[a] ±0,03	**
0-2	2,63[b] ±0,10	2,42[b] ±0,02	2,06[a] ±0,01	**

0-3	2,61^b ±0,02	2,49^b ±0,03	2,17^a ±0,04	**
0-4	3,24^c ±0,03	2,91^b ±0,03	2,56^a ±0,07	**
0-5	3,06^b ±0,01	2,95^{ab} ±0,04	2,74^a ±0,06	**
0-6	3.20±0.04	3.11±0.04	2.96±0.09	NS
0-7	3,59^b ±0,01	3,55^b ±0,07	3,33^a ±0,03	*
0-8	3,97^b ±0,02	3,93^{ab} ±0,05	3,60^a ±0,03	**
4-8	4.54±0.01	4.93±0.12	4.73±0.14	NS

As médias com diferentes sobrescritos na mesma linha diferem significativamente. ** P≤0,01, *P≤0,05.

Quadro 10. Efeito dos diferentes tratamentos na mortalidade (%) dos patos

Grupo etário	T1 (18%)	T2 (20%)	T3 (22%)
0-4semanas	2.67(2/75)	4.00(3/75)	2.67(2/75)
4-8semanas	2.67(2/75)	5.33(4/75)	6.67(5/75)
0-8 semanas	5.33(4/75)	9.33(7/75)	9.33(7/75)

O número entre parêntesis representa o número de mortos/total

Tabela 11. Metabolizabilidade dos nutrientes (%) nos diferentes grupos de tratamento.

Particularidades	T1 (18%)	T2 (20%)	T3 (22%)	Observação
Matéria seca	75,46^a ±0,90	77,70^{ab} ±0,30	79,38^b ±0,89	*
Orgânico Matéria	80,67^a ±0,78	81,47^{ab} ±0,26	83,79^b ±0,54	*
Proteína bruta	74,45^a ±0,34	76,33^{ab} ±0,70	79,16^b ±0,85	**
Extrato de éter	56.35±1.81	58.21±0.66	61.18±1.11	NS

As médias com diferentes sobrescritos na mesma linha diferem significativamente. ** P≤0,01, *P≤0,05.

Tabela 12. Balanços de azoto (N) nos diferentes grupos de tratamento.

Particularidades	T1 (18%)	T2 (20%)	T3 (22%)	Observaç

				ão
Ingestão de N (g/dia)	3,16^a ±0,04	3,60^b ±0,03	3,63^b ±0,14	*
N Saídas (g/dia)	0.81±0.01	0.85±0.02	0.76±0.06	NS
Balanço de N (g/dia)	2,35^a ±0,04	2,77^{ab} ±0,06	2,87^b ±0,09	**
Saldo de N em % da ingestão de N	74,45^a ±0,34	76,33^{ab} ±0,70	79,16^b ±0,85	**

As médias com diferentes sobrescritos na mesma linha diferem significativamente. ** P≤0,01, *P≤0,05.

Tabela 13. Perfil bioquímico do sangue dos patos nos diferentes tratamentos após 8 semanas de idade

Particularidades	T1 (18%)	T2 (20%)	T3 (22%)	Observação
Glicose (mg/dl)				
Masculino	172.77±15.66	187.90±16.43	186.63±8.33	NS
Feminino	201.33±10.63	202.27±17.34	230.97±12.70	NS
Sexo combinado	187.05±10.61	195.08±11.15	208.80±12.02	NS
Para	tal Proteína(g/d		)	
Masculino	6.08±0.96	5.01±0.26	5.42±0.92	NS
Feminino	4.17±0.46	4.99±0.20	4.41±0.33	NS
Sexo combinado	5.13±0.64	5.00±0.15	4.92±0.49	NS
Albumina(g/dl)				
Masculino	1.50±0.11	1.54±0.09	1.56±0.02	NS
Feminino	1.74±0.04	2.16±0.34	1.80±0.07	NS

Sexo combinado	1.62±0.08	1.85±0.21	1.68±0.06	NS
jlobulina(g/dl)				
Masculino	4.58±1.06	3.47±0.10	3.86±0.91	NS
Feminino	4.35±0.99	2.85±0.38	3.63±0.88	NS
Sexo combinado	4.46±0.65	3.16±0.24	3.74±0.57	NS
Albumina : Globulina				
Masculino	0.39±0.14	0.45±0.03	0.44±0.08	NS
Feminino	0.46±0.14	0.81±0.23	0.54±0.10	NS
Sexo combinado	0.43±0.09	0.63±0.13	0.49±0.06	NS
Colesterol total (mg/dl)				
Masculino	130.63±12.80	138.50±10.21	132.47±14.83	NS
Feminino	149.10±1.72	160.21±4.34	135.37±17.57	NS
Sexo combinado	139.87±7.10	149.36±6.94	133.92±10.30	NS
Ureia(mg/dl)				
Masculino	6.98±1.65	9.73±0.95	9.42±2.09	NS
Feminino	5,20[a] ±1,05	10,68[b] ±0,16	5,48[a] ±1,54	*
Sexo combinado	6,09[a] ±0,96	10,20[b] ±0,48	7,45[a] ±1,46	*
Creatinina(mg/dl)				
Masculino	0.73±0.10	0.96±0.14	1.08±0.07	NS
Feminino	0.80±0.24	0.73±0.03	1.01±0.04	NS
Sexo combinado	0.77±0.12	0.84±0.08	1.05±0.04	NS
Cálcio(mg/dl)				

Masculino	9.22±0.39	8.06±0.62	9.87±0.14	NS
Feminino	7,52[a] ±0,41	8,73[a] ±0,72	10,14[b] ±0,29	*
Sexo combinado	8,37[a] ±0,46	8,39[a] ±0,45	10,01[b] ±0,16	*
SGOT (U/L)				
Masculino	22.43±5.41	28.57±3.21	20.37±5.04	NS
Feminino	22.70±0.00	27.41±6.70	34.92±0.87	NS
Sexo combinado	22.57±2.42	27.99±3.33	27.65±3.98	NS
SGPT(U/L)				
Masculino	9.21±0.64	9.31±1.16	6.57±0.68	NS
Feminino	8.36±1.24	6.99±1.02	6.07±0.84	NS
Sexo combinado	8.79±0.65	8.15±0.86	6.32±0.50	NS

As médias com diferentes sobrescritos na mesma linha diferem significativamente. *P≤0,05, NS- Não significativo

Quadro 14. Custo da alimentação/kg de ganho de peso vivo (Rs) dos patos durante as diferentes fases de crescimento

Particularidades	T1 (18%)	T2 (20%)	T3 (22%)	Observação
Período de 0-4 semanas				
Custo dos alimentos para animais (Rs)	26.05	27.15	28.25	
Custo dos alimentos para animais com base na matéria seca (Rs)	28.15	29.34	30.52	
Consumo cumulativo de ração/pato (g)	1696.41±31.37	1746.59±33.93	1650.94±9.94	NS
Ganho de peso corporal acumulado (g)	523,11[a] ±6,43	600,41[b] ±10,18	646,78[b] ±16,19	*

Custo da alimentação consumida/pato (Rs)	47.75±0.88	51.24±1.00	50.39±0.30	NS
Custo da ração/kg de ganho de peso vivo (Rs)	91,27[b] ±0,72	85,34[b] ±0,94	78,00[a] ±2,21	*
Período de 0-8 semanas				
Consumo cumulativo de ração/pato (g)	4792.75±111.79	4753.76±57.12	4522.82±49.77	NS
Ganho de peso corporal acumulado (g)	1205.59±22.02	1210.76±9.96	1254.62±2.01	NS
Custo da alimentação consumida/pato (Rs)	134.90±3.15	139.45±1.68	138.05±1.52	NS
Custo da ração/kg de ganho de peso vivo (Rs)	111.88±0.60	115.19±1.58	110.03±1.04	NS

As médias com diferentes sobrescritos na mesma linha diferem significativamente. *P≤0,05,NS- Não significativo

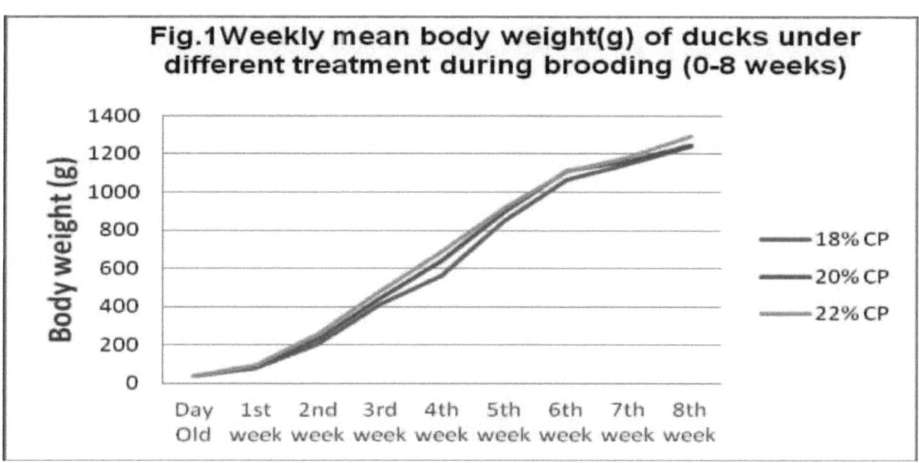

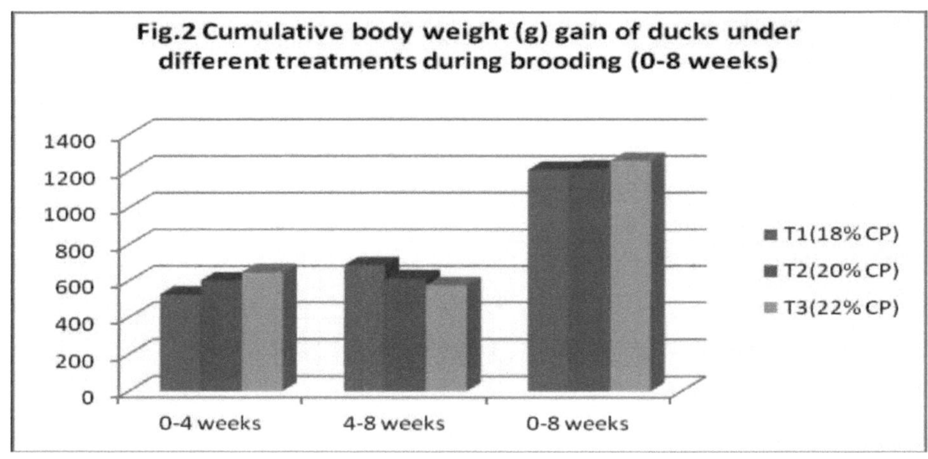

Fig.2 Cumulative body weight (g) gain of ducks under different treatments during brooding (0-8 weeks)

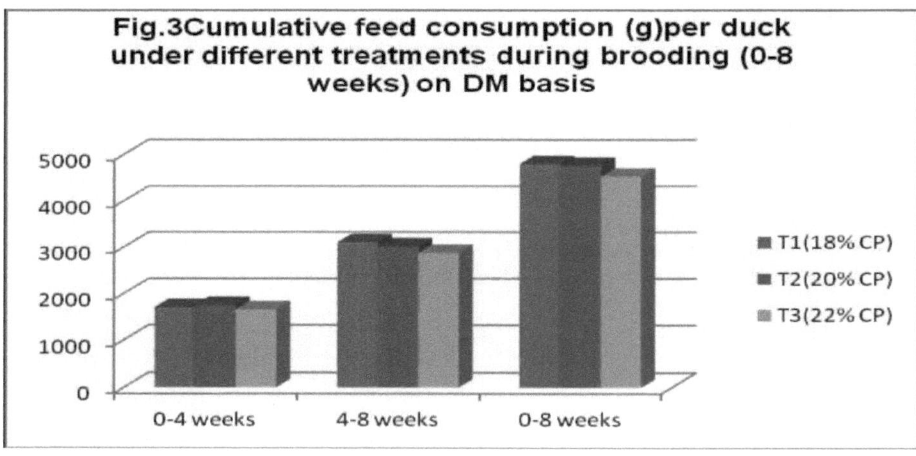

Fig.3 Cumulative feed consumption (g) per duck under different treatments during brooding (0-8 weeks) on DM basis

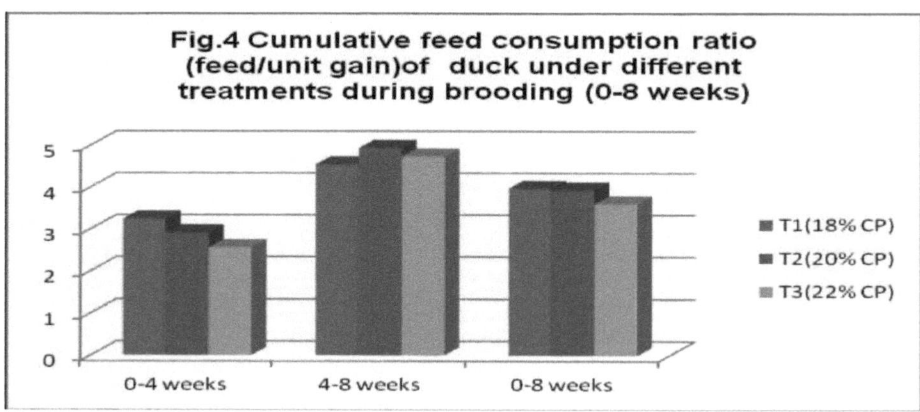

Fig.4 Cumulative feed consumption ratio (feed/unit gain) of duck under different treatments during brooding (0-8 weeks)

BIBLIOGRAFIA

A.O.A.C. 1990. Association of Official Analytical Chemists. Official methods of analysis. 12th Edn., Washington D.C., EUA.

Abdelsamic, R.A. 1981. Desempenho de patos sob gestão semi-intensiva na aldeia de Pupua New Guinae. *Nutr. Abstr.and Rev.* **51**(4): 2573.

Adams, R.L. e Stadelman, W. J. 1979. Níveis de energia e de proteínas para patos fêmeas em crescimento. *Poult. Sci.*, **58(4):** 1030.

Aukland, J.N. 1973. Effect of feeding restricted amounts of a medium and high protein diet on growth and body composition of duckling. *J. Sc. Fd, Agric.* **24**: 719-726.

Awad, A.L.; Elkloub, K.;Moustafa, M.E.e Ghonim, A.I.A.2011. Resposta do pato domyatu a dietas contendo diferentes níveis de energia metabolizável e proteína bruta 2- durante o período de postura. Anim. Prod. Instituto de Investigação Animal, Centro de Investigação Agrícola, Ministério da Agricultura. Centro de Investigação Agrícola, Ministério da Agricultura. Dokki, Giza.

Baéza, E., Bernadet, M. D., Guy, G., Lessire, M. e Carré, B. 2007a. Détermination du besoin en protéines de la canette mulard en phase de démarrage: Effect sur la croissance et les rejets azotés. *Tema*, pp. 4-9.

Baeza, E., Bernadet, M.D., Guy, G., Lessire, M. e Carre, B. 2007b. Determinação das necessidades proteicas do pato-mula durante o período de arranque: efeito sobre o crescimento e a excreção de azoto. *Actes-des- 7emes-Journees-de-la-Recherche-Avicole,-Tours,*-France. pp. 164 168.

Baéza, E., Bernadet, M. D., Guy, G., Lessire, M. e Carré, B. 2008. Détermination du besoin en protéines de la canette mulard en phase de croissance: Effet sur la croissance et les rejets azotés. Tema. pp. 4-8.

Baeza, E., Bernadet, M. D., Guy, G., Lessire, M. e Carre, B. 2009. Determinação das necessidades proteicas dos patinhos mulard na fase de crescimento: efeito sobre o desempenho zootécnico e os resíduos de azoto. Associação Mundial de Ciências Avícolas (WPSA), Actas das 8as Jornadas Francesas de Investigação Avícola, St Malo, França. pp. 30.

Baéza, E., Bernadet, M. D., Lessire, M. 2012. Requisitos de proteína para o crescimento, eficiência alimentar e produção de carne em patos-mula em crescimento. *J. Appl. Poult. Res.*, **21** :121-132.

Baeza, E., Carriere, M., Bernadet, M.D, Guy, G. e Lessire, M. 2011. Determinação das necessidades proteicas da fêmea de pato-mula em crescimento durante o período de acabamento: efeitos sobre o desempenho em crescimento e o teor de azoto nas fezes [poster da conferência]. *Actes-des-9emes- Journees-de-la-Recherche-Avicole,-Tours,-France.* pp. 360-364.

Bagot, I. e Karunajeewa, H. 1979. The effect of strain, sex and diet on growth and carcass characteristics of meat type ducks. *Nutr. Abstr. Rev.*, **49(6):** 2371.

B.A.H.S. dahd.nic.in 17.º e 18.º Recenseamento do gado, Department of Animal Husbandry, Dairying & Fisheries, M/O Agriculture

Balton, W. e Blair, R. 1974 Poultry Nutrition Bulletin 174. Ministério da Agricultura, Pescas e Alimentação. 4th Ed., Her Majesty's Stationery Office, Londres.

Banerjee, G.C. 2010. A Textbook of Animal Husbandry. Oxford e IBH Publishing Co. Pvt. Ltd., Nova Deli. pp.135

Banerjee, S. 2011. Correlações entre alguns traços de carcaça em patos Khaki Campbell criados em Bengala Ocidental, Índia. *World Appl. Sci. J.*, **14(8):** 11311135.

Basso, B., Dubos, F., Bordas, A. e Marie-Etancelin, C. 2007. Estudo das relações fenotípicas entre os componentes da ingestão alimentar

de patos comuns.   *Actes-des-7emes-Journees-de-la-Recherche-*

Avicole,-Tours,-França. pp. 431-435.

Behera,N.K.2009. Efeito da alimentação com diferentes níveis de proteína no desempenho de patos Desi em sistema intensivo de criação. Tese de Mestrado apresentada à Universidade de Agricultura e Tecnologia de Orissa.

Chartrin, P. , Bernadet, M. D. , Guy, G. , Mourot, J. , Hocquette, J. F. , Rideau, N. , Duclos, M. J. e Baéza, E. 2007. Será que a idade e os níveis de alimentação têm efeitos comparáveis na deposição de gordura no músculo peitoral dos patos-mula? *Animal,* pp.113-123.

Chen, A. G. e Jiang, Z. J. 1999. Effects of dietary protein levels on nitrogen retention rate in growing Shaoxing ducks. *J. Zhejiang Agric. Univ.*, **25** : 291-295.

Chen-Hui, Tang-Jun Zhi, Zheng-Lizhen, Wang-Yan Tao, Chen-Yan Feng, Chen-H, Tang-JZ, Zheng-LZ, Wang-YT e Chen-YF 2000. Nível ótimo de ração CP/ME na dieta dos patos-mula de penas brancas Minnog. *China Poultry*, **24 (1):** 5.

Chin, D.T.F. e Hutagalung, R.L. 1984. Necessidades energéticas e proteicas dos patos Pekin num ambiente tropical. Actas 8th Conferência Anual da Sociedade Malaia de Produção Animal, PP 60-66.

Dean, W.F. 1967. Nutritional and management factors affecting growth and bodycompositionof ducklings. Procedimentos Cornell Nutrition

Conferência. PP 74-82.

Dean, W.F. 1968. Effect of energy-protein balance, energy intake and methionine on growth and body composition of duckling. *Poult. Sci.*, **47**: 1665-1666.

Dean, W.F., Scott, M.L. e Young, R.J. 1965. Protein requirement of duckling at different stages of growth (Necessidades proteicas dos patinhos em diferentes fases de crescimento). *Poult. Sci.*, **44**: 1965-1967.

Downing, J.A. e Ischan, J. 2010. O desempenho de patos comerciais alimentados com diferentes concentrações de prote na na dieta durante a fase de acabamento. Actas do 21.º Simpósio Anual Australiano de Ciência Avícola, Sydney, Nova Gales do Sul. pp. 186-189.

Du Preez, J.J. e Wessels, J.P.H. 1970. Effect of different dietary treatments on two week body weight and carcass composition of ducklings. *Agro Animalia*, **2**: 185-190.

Dutt, K.K. 1983. Estudos sobre certos caracteres económicos de aves Miri, White Leghorn e a sua descendência cruzada sob diferentes sistemas de gestão. Uma tese apresentada à Assam Agricultural University em cumprimento dos requisitos para o grau de Doutor em Filosofia em Produção e Gestão de Aves.

Dvoracek, S. e Komarek, M. 1984. Comparação de dois tipos de patos. *Anim. Breed. Abstr.*, **55**: 4051.

Eusebio, P.S; Coloso, R.M. e Mamauag, E.P. 2004. Digestibilidade aparente de ingredientes seleccionados em dietas para juvenis de garoupa, Epinephelus *coiodes (Hamilton). Aqua.* Res., **35**:1261-1269

Fowzder, K.K., Wahid, M.A., Haque, M.I. e Talukdar, M.A.I. 2010. Estudo sobre a taxa de crescimento de patinhos até à idade de comercialização em diferentes níveis de proteína. *International J. Sustain. Agri. Tech.*, **6(11):** 6-10.

George, R.P., Ramakrishnan, A., Unni, A.K.K. e Reghunathan Nair, G. 1981. Estudos sobre as características económicas dos patos desi. 2 Crescimento dos patinhos. *Indian J. Poult. Sci.*, **16**: 44-50.

Gomide, E.M.; Rodrigues, P.B.; Bertechini, A.G.; Freitas, R.T.F.de.; Fassani, E.J.; Reis,

M.de.P.; Rodrigues, N.E.B.; Almeida, E.C.de. 2011. Dietas com níveis reduzidos de proteína bruta, cálcio e fósforo com fitase e aminoácidos para frangos de corte. Revista-Brasileira-de-

Zootecnia. **40(11):** 2405-2414.

Gul, Y., Salim, M. e Rabbani, B. 2007. Avaliação dos coeficientes de digestibilidade aparente de diferentes níveis de proteína da dieta com e sem farinha de peixe para *Labeo rohita. Pakistan Vet. J.,* **27(3):** 121-125.

Haihua, Z., Guangyu, L., Erjun, R., Xiumei, X., Dong, L., Qiong, W. e Fuhe,Y. 2011. Efeitos de diferentes níveis de proteína na dieta sobre o desempenho de crescimento, parâmetros bioquímicos séricos e características do pelo de visons no período de crescimento e crescimento no inverno. *Chinese J. Anim,l Nutri...,* **23 (I):** 78-85.

Hamlyn, W.L., Branion, H.D. e Cavers, J.R. 1934. The influence of protein on the growth of ducks (A influência das proteínas no crescimento dos patos). *Poult Sci.,* **13:** 333-337.

Horton, D.H. 1932. A comparison of feeding a twelve percent and a nineteen percent ration to White Pekin ducklings. *Poult Sci.,* **11:** 106-109.

Huang- Xin Qing.2005. Investigação sobre o nível nutricional ótimo da dieta do pato-mula. *China Poultry,* **27(9):** 11-12.

Jeroch, H., Scubert, R., Rinz, M., Petsold, M. e Hennig, A. 1977. Preliminary studies on the requirement of Muscovy ducks for crude protein and energy content in flattening feed. *Poult, Abstr.,* **4(11):** 2710.

Jeroch, H. 2003. Faustzahlen zur Geflügelfutterung. Yearbook for Poultry Production. Eugen Ulmer Verlag, Estugarda, Alemanha. pp. 117-144.

Jin, Y.Y., Su, Q., Huang, M.M., Duan, Y.Q., Lu, Z.H. e Liu, J.X. 1986. Effect of protein levels in selenium-deficient diet on the growth and mortality of chicks. *Ata-Veterinaria-et-Zootechnica-Sinica,* **17(1):** 18-22.

Johnson, N. F. 1971. Effects of Levels of Dietary Protein on Wood Duck Growth. J. *Wildlife Management,* **35(4):** 798-802.

Jull, M.A. 1977. *Poultry husbandry.* Terceira edição. Tata Mc Graw-Hill Publishing Co. Ltd. New Delhi.

Lai-MingKuei, Hung-JengFang (Huang-J.F.A.), Lin-Chung Yi e Lin-RongHsin 2003. Efeito de uma dieta pobre em proteínas brutas suplementada com metionina e lisina no desempenho do crescimento e nas características da carcaça de patos Pekin. *J. Taiwan*

Livest. Res., **36(3):** 273-282.

Leclercq, B., Blum, J. C., Sauveur, B. e Stevens, P. 1989. Alimentation des canards à rôtir. L'alimentation des animaux monogastriques: Porc, lapin, volailles. Ed. INRA, Paris, França, pp 123-128.

Leclercq, B. e De Carville, H. 1976. Influence of the protein and energy contents of the diet on the growth of young Muscovy ducklings. Arch. Geflügelkd. pp. 117-119.

Li, Y.T., Chen, T.F., Pan, C.M., Lin, C.Y., Li, Y.T., Chen, T.F., Pan, C.M. e Lin, C.Y. 1999. Investigação das necessidades de proteína bruta para a alimentação de patos-mula em três fases. *J. Taiwan Livest. Res.*, **32(4):** 313-322.

Luhmann, M. 1981. Consumo de ração, eficiência alimentar e padrões de crescimento de patos de raças cruzadas. *Nutr. Abstr.*, **51(8):** 5144.

Mbajiorgu, C.A. 2011. A resposta dos frangos machos indígenas de Venda aos rácios de energia e proteína da dieta, alimentados entre as sete e as 13 semanas de idade. *J. Hum. Ecol.* **35(3):** 161-166.

Mohanty,S.K. 2012. Efeito da alimentação com diferentes níveis de proteína durante o período de crescimento e postura no desempenho de patos Khaki Campbell. Tese de mestrado apresentada à Universidade de Agricultura e Tecnologia de Orissa. Bhubaneswar.

My Tu, Dang, T., Dong, Nguyen, T.K. e Preston, T.R. 2012. Efeito no crescimento, nos coeficientes de digestibilidade aparente e na qualidade da carcaça de patos almiscarados locais da alimentação com lentilha d'água de alta ou baixa proteína como substituto da farinha de soja em uma dieta basal de farelo de arroz. *Livest. Res. Rural Dev.*, **24(4).**

Okeudo, N.J., Okoli, I.C. e Igwe, G.O.F. 2003. Características hematológicas dos patos (*Cairana moschata*) do sudeste da Nigéria. *Tropiculturea*, **21(2):** 61-65.

Olayemi,F .O.; Oyewale J. O. e Omolewa O. F. 2002. Valores de química plasmática no pato nigeriano jovem e adulto *(anas platyrhynchos).Israel Journal of Veterinary Medicine.* **57(4)** .pp.1-5.

Oluyemi, J.A. e Fetuga, B.L. 1978. The protein and energy requirements of duckling in the tropics (As necessidades proteicas e energéticas dos patinhos nos trópicos). *Brit. Poult. Sci.* **19:** 261-266.

Panda,B. e Mohapatra, S.C. 1989. *Poultry Production.* Divisão de Informação de Publicações. ICAR. Krishi Anusandhan Bhavan, Nova Deli. 1st Edition.pp. **152**

Polat, U., Cetin, M., Turkyilmaz, O. e AK, I.. 2003. The effects of different dietary protein levels on the biochemical and production parameters of ostriches (*Struthio camelus*). *Vet. Arhiv.*, **73**: 73-80.

Prasad, S.S., Reddy, V.R. e Rao, P.V. 1988. Protein and energy requirements for starter and grower Khaki Campbell ducks. *Indian J. Poult. Sci.*, **23(4)**: 296-305.

Ramkrishnan, A. 1982. Breve resumo do trabalho de investigação sobre patos efectuado na Universidade de Agricultura de Kerala. *Poultry Guide*, **XIX(10)**: 27-39.

Reddy, M.S., Reddy, V.R. e Reddy, P.M. 1980. Studies on protein and energy requirements in Khaki Campbell ducklings (Estudos sobre as necessidades proteicas e energéticas dos patinhos Khaki Campbell). *Indian J. Poult. Sci.*, **15**: 137-144.

Riyazi, S. R., Vahdatpour, T., Aghsaghali, A. M., Fathi, H., Davoodi, J. e Vahdatpour, T. 2011. O efeito do aumento de energia e da redução de proteínas no desempenho e em alguns parâmetros bioquímicos séricos de frangos de carne. *Annals Biol. Res.*, **2(4)**: 516-521.

Robin, N., A. Peyhorgue, e J. Castaing. 2002. Effets d'une réduction de la teneur protéique de l'aliment sur la croissance et le gavage de canards mulards. 5èmes Journées de la Recherche sur les Palmipèdes à Foie Gras, Pau, França. Ed. ITAVI, Paris, França. pp. 102-105.

Rudolph, W. 1962. As necessidades proteicas dos patos de mesa. *Nutr. Abstr. Rev.*, **32**: 1531.

Rukmangadhan, S., Asha Rajini, R., Narahari, D., Ramamurthy, N, e Kumararaj, R. 1990. Crude protein requirement of female Khaki Campbell ducklings. *Indian J. Poult. Sci.*, **25**: 301-303.

Sahoo, G., Panda, P., Mishra, M. e Sahoo, S.C. 1985. Estudo do crescimento em patos Khaki Campbell. *Indian J. Poult. Sci.*, **20**: 220-222.

Schloss, E. 1911. Pathologic des wachstums. P.G. Berlin S. Korgen (Quated Maymard) L.A. Animal Nutrition.

Schubert, R., Richter, G. e Putsche, M. 1981. Untersuchungen zum energic, rohprotein and aminosauren bedarf Carino 2000 (Cairina moschata domestica L) (investigações comparativas do desempenho da digestão de patos Cairina Pekin e galinhas poedeiras. *Archiv fur Tierrenahrung*, **31**: 527-536.

Scott, M.L. e Heuser, G.F. 1951. Estudos sobre a nutrição dos patos. 2 Estudos das necessidades proteicas e vitamínicas não identificadas. *Poult. Sci., 30:* 164-167.

Scott, M.L., Parsons Jr., E.H. e Dougher ly, III, E.W. 1957. Estudos sobre nutrição de patos. 6. Suplementos de "fator de crescimento não identificado" e metionina na ração para patos. *Poult. Sci., 361(6):* 1181-1186.

Scott, M.L., Hill, F.W., Parsons Jr., E.H. e Bruckner. 1959. Effect of dietary energy: protein relationship upon growth, feed utilization and carcass composition in market ducklings. *Poult. Sci., 38(3):* 497-507.

Sharma, N.F., Baruah, K.K e Bora, N.N. 1986. Idade óptima de mercado do Khaki Campbell para a produção de carne. *Indian J. Poult. Sci., 21:* 296-299.

Singh, C. Mani e Singh, R.A. 1977. Restricted feeding in ducks. Instituto de verão sobre produção e maneio de patos e perus. (Patrocinado pelo I.C.A.R.) Departamento de Produção e Gestão Pecuária, Faculdade de Ciências Animais, H.A.U., Hissar.

Singh, R.A. e Moudgal, R.P. 1976. A note on the effect of levels of protein and systems of management on growth, feed efficiency, mortality and eviscerated weight of White Pekin ducks. *Nutr. Abstr. Rev., 47:* 6965.

Singh, R.A. e Pal, R.N. 1978. Effect of levels of dietary protein on mortality, growth and reproduction of White Pekin ducks. *Indian Vet, J.,* **55(5):** 390-393.

Siregar, A.P., Cumming, R.B. e Farrell, D.J.1982a. The nutrition of meattype ducks. 1. The effects of dietary protein in isoenergetic diets on biological performance. *Austr. J. Agri. Res.,* **33(5):** 857-864.

Siregar, A.P., Cumming, R.B. e Farrell, D.J. 1982b. The nutrition of meattype ducks. 2. The effects of variation in the energy and protein contents of diets on biological performance and carcass characteristics. *Austr. J. Agri. Res.,* **33:** 865-875.

Snedecor, G.W. e Cochran, W.G. 1989. *Statistical methods,* 8th Edition. Iowa State University Press, Ames, Lowa.

Swathi, B. e Sudhamayee, K.G. 2005. Estudos sobre os parâmetros hematológicos dos patos durante os períodos de pré-postura e de pico de produção. *Indian J. Poult. Sci.* 40**(2):**146-149.

Toledo, R.S., Rostagno, H.S., Albino,L.F.T., Vargas-Junior, J.G.de. e Carvalho, D.C.de.O. 2011. Nível de proteína bruta de dietas pré-iniciais e solução nutritiva para frangos de corte. *Revista-Brasileira-de-Zootecnia,* **40(10):** 2199-2204.

Wang-Qiang, Zou-JianMin, Tong-HaiBing, Li-BaoLin, Lu-Jian, Shi-ShouRong, Bu-Zhu.

2011. Efeito da ração diária com diferentes níveis de EM e PC no desempenho da postura e na qualidade dos ovos de pato Gaoyou. *Guizhou- Agricultural-Sciences*. **11**: 162-165.

Woodard, A. E., Vohra, P. e Snyder, R. L. 1977. Effect of protein levels in the diet on the growth of Pheasants. *Poult. Sci.*, **56(5)**: 1492-1500.

Zavery, A.H.T.1984. Effect of dietary protein and dietary energy on blood protein, urea, lipid, glucose, electrolytes and three enzymes in the blood serum of broiler hybrid and layer hybrid chicks. *Dissertação inaugural, Tieraz-liche Hochschule Hannover 107.* Vet. Bull, **56**:583.

Printed by Books on Demand GmbH, Norderstedt / Germany